Störche

Ein Portrait
von
Johannes Zeilinger

NATURKUNDEN

NATURKUNDEN № 111

herausgegeben von Judith Schalansky
bei Matthes & Seitz Berlin

Inhalt

Portraits

Das Tier ist ein Schlüssel und öffnet eine Tür.
Was dahinter ist, kann man nicht beschreiben.

SYLVAIN TESSON

Ich versuche es trotzdem.

JOHANNES ZEILINGER

Mythen und Fabeln

Meine Nachbarn sind Störche. Nicht jedes Jahr dieselben, ihr Nest aber, auf dem First der Salzkirche gelegen und so keine acht Meter von meinem Schreibtisch entfernt, ist meist ab Mitte März belegt; und auch beliebt, wie häufige Kämpfe um das Nistrecht zeigen. Nur einen knappen Steinwurf weiter, Richtung Norden und vom Nest aus gut sichtbar, beginnen hinter dem Deich weite Wiesen, Feuchtgebiete der Elbe mit Flutmulden, wassergefüllten Kolken und Resten einstiger Auwälder. Gelegentlich im Winter und häufig im Frühjahr sind weite Teile der Marschen, wie die Wiesen auf alten Karten noch hießen, geflutet. Bevor der Sommer kommt, fallen sie trocken, dann schießt Gras empor und Leben erwacht, ja explodiert geradezu im Grün. Und gehe ich abends den alten Fährweg zur Elbe hin, fliehen Heuschrecken vor mir vom Weg, Mäuse huschen über den Damm, und vor lauter Froschgequake höre ich kaum mehr den Sand unter meinen Sohlen knirschen.

Die Wiesen werden bald gemäht, und damit beginnt für die Störche des Ortes eine paradiesische Zeit: Würmer, Frösche, Mäuse, Larven, Käfer, vielleicht auch eine Ringelnatter, alles im Überfluss. Der Anblick der Störche, die dann in Scharen hinter den Mähmaschinen herschreiten und -picken, berührt unser Herz jedes Jahr aufs Neue und lässt uns glauben, in einer intakten naturnahen Kulturlandschaft zu leben, als wäre die Anwesenheit eines oder möglichst vieler von ihnen ein Güte-

Vor mehr als 5000 Jahren wurden bei El-Khawy zwei Sattelstörche samt einem Ibis in ihrer Mitte in den Fels geritzt – die frühesten Zeichen aus der Entstehungsphase der Hieroglyphenschrift.

siegel für eine saubere Umwelt. Nicht ohne Grund hat sich in Deutschland der Naturschutzbund – nach eigenen Angaben »Anwalt für bedrohte Arten, Beschützer und Gestalter von Lebensräumen« – den Weißstorch als Wappentier erwählt, als Symbol für eine geglückte Symbiose zwischen Mensch und Natur. Im vergangenen Jahr fand sich sogar ein seltener Schwarzstorch aus den Wäldern jenseits des Flusses ein. Am Rande des Deiches war nach einer Überschwemmung ein Wehl verblieben, und während seine etwas weißer gefiederten Artgenossen den Traktoren folgten, konnte er unbedrängt allein durch den Teich staken. Zumindest eine Weile, bis ihn die Schar Weißstörche bemerkte und vertrieb.

Störche, insbesondere Weißstörche, schätzen wir als Mittler zwischen Natur und Kultur, als Frühlingsboten und Glücksbringer, und doch sind sie viel mehr: Sie sind auch Projektionsflächen, denen wir moralische Qualitäten zuschreiben, die wir selbst erstreben. Und das schon seit der Antike, als der Weißstorch noch gar nicht in unseren Breiten brütete. Ursprünglich stammt er aus Nordafrika, und enge Verwandte von ihm waren dort schon zu Beginn der Pharaonenherrschaft zu Ehren gekommen. Erst 2017 hatten Ägyptologen in der Nähe des Ortes El-Khawy eine monumentale Felsinschrift bemerkt, die aus der vordynastischen Zeit, also um 3250 v. Chr. stammt und zwei Sattelstörche mit einem Ibis in ihrer Mitte zeigt.

Noch schienen diese Symbole keine phonetische Schrift zu repräsentieren, sondern, so die Überlegung der Wissenschaftler, den Übergang von Darstellungen der natürlichen Welt zu Hieroglyphen zu markieren, also eher Konzepte zu visualisieren. So bedeutet die Darstellung eines Sattelstorches mit einer Schlange unter dem Schnabel wahrscheinlich den Begriff ›Sieg‹ oder vielleicht ›Kontrolle‹, da der Storch die Schlange beherrscht, aber nicht verzehrt. Auch wenn die Verehrung von Tieren – genauer: von Gottheiten in Tierform – prägendes Element ägyptischer Religiosität war, spielte der Storch im ansonsten überreichen Tierkult keine bedeutende Rolle; hier schweigen altägyptische Texte. Das hat spätere Autoren jedoch nicht gehindert, die Ägypter als Begründer eines ganz eigenen Mythos zu bezeichnen, dem zufolge junge Störche ihre Eltern versorgen, wenn deren Kräfte im Alter nachlassen – biologisch gesehen ein Irrtum, wenn auch ein schöner, nur möglich durch eine (gewollt) selektive Wahrnehmung der Wirklichkeit.

Die Griechen bauten diese Fehlattribution in ihren Moralkodex ein und formten so das Bild des dankbaren, ehrfürchtigen Vogels, der seinen Eltern die Fürsorge der eigenen Kindheit zurückgibt. Nun kennt die Natur keine Liebe, die dem Nachwuchs gegenüber seinen Erzeugern angeboren ist; die Worte ›Elternliebe‹ wie auch ›Kinderliebe‹ sind überdies keine komplementären Begriffe, sondern bezeichnen trotz vermeintlicher Gegensätzlichkeit das Gleiche. Diese moralische Lücke musste gefüllt werden, und zwar durch die *Antipelargesis*, übersetzbar mit ›Storchendank‹. Aristophanes hielt in der Komödie *Die Vögel* seinen Mitbürgern den tugendhaften Spiegel vor Augen: »Doch wir Vögel haben ein Gesetz, / Uralt, im Storchenkodex aufbewahrt: / ›Wenn seine Jungen, bis sie flügge sind, / Ein Storchenvater nährt und pflegt, dann sollen / Dafür die Jungen ihren Vater pflegen!‹«

Auch Äsop nahm den Storch in seine Sammlung moralisierender Fabeln auf und stellte ihm den Fuchs gegenüber, der schon damals als schlaues und listiges Geschöpf angesehen war. Der lud einen Storch zu Gast und setzte ihm die leckersten Speisen vor, jedoch nur in flachen Schalen, aus denen der Storch mit seinem langen Schnabel nichts fressen konnte. Der Storch fühlte sich betrogen, lobte aber freundlich die Bewirtung und bat den Fuchs anderntags zu sich zum Mahl. Nun aber servierte der Gastgeber seine schmackhaften Bissen in langhalsigen Gefäßen, aus denen nur er mit seinem langen Schnabel essen konnte, während der Fuchs hungrig blieb und allenfalls das Äußere des Geschirrs ablecken konnte. Äsop gab seiner Fabel den schönen allgemeingültigen Nachsatz: »Was du nicht willst, dass man dir tu', / Das füg' auch keinem andern zu.«

Mit 21 Jahren schuf Gustav Klimt für das Sammelwerk Allegorien und Embleme *die Gestalt der* Fabel; *hier im Ausschnitt mit zwei Störchen und einem Fuchs aus der moralisierenden Erzählung von Äsop.*

Bis heute wird diese populäre Fabel immer wieder neu erzählt, wie das im 17. Jahrhundert etwa Jean de La Fontaine tat, und auch illustriert, zum Beispiel im 20. Jahrhundert von Marc Chagall. Und auch Gustav Klimt hat im Jahr 1884 für ein Vorlagenwerk mit dem Titel *Allegorien und Embleme*, zu dem auch Max Klinger und Franz von Stuck Beiträge lieferten, die Erzählung in ein Gemälde integriert. Im Mittelpunkt dieses Gemäldes steht allerdings die allegorische Gestalt der ›Fabel‹, eine junge Frau, die gerade ihr hüllendes Tuch abstreift und dem Betrachter so unschuldig wie ungeniert ihre Nacktheit präsentiert. Hier hat der einundzwanzigjährige Klimt noch nicht seinen charakteristischen Stil gefunden, der ihn später berühmt machte; doch wie bei seinen großen Werken dominiert schon eine leicht lasziv-erotische Stimmung, die auch die beiden Störche überschattet.

Die Römer, deren Rechtsvorstellung in erster Linie auf ein geregeltes Zusammenleben im Familienverbund und der Bürgergemeinde zielte, übernahmen nur allzu gern die *Antipelargesis* in ihr sittlich-rechtliches Repertoire. Sie gaben der Pflicht, Erzeugern und Erziehern Dank abzustatten, den Namen *lex ciconaria* – Storchengesetz. Diese Pflicht zur Ehrerbietung als staatstragende Tugend wertete denn auch den Namensgeber selbst auf. Der Storch wurde zum *avis pia* ernannt, zum frommen Vogel, der so die *pietas* versinnbildlichte, die vielleicht römischste aller Tugenden, die Treue, Demut, Pflichtbewusstsein und Frömmigkeit gleichermaßen einschloss. Als *pietaticultrix*, also Hüterin oder Bewahrerin der *pietas*, bezeichnete Petronius den Storch dann auch in seinem Roman *Satyricon*.

Claudius Aelianus schrieb um 200 n. Chr. in seinem Werk *De natura animalium*, als Belohnung für ihre Frömmigkeit würden »die zusammenlebenden Störche, wenn sie zum Alter gelangt sind, zu den Oceanitischen Inseln ziehen, hier ihre Gestalt mit der menschlichen vertauschen […], weil die Götter auf diese Weise ein frommes und heiliges Geschlecht dorthin absondern mögen. Dies scheint mir keine Fabel zu sein.« Und auch eine andere Anekdote schien ihm glaubhaft, die den Storch nicht nur als frommen, sondern auch als strengen Vogel zeigt, der sich gar zum Vollstrecker göttlichen Willens aufschwingt:

> *Man sagt, dass der Storch auch eifersüchtig ist. Jedenfalls ging in Krannon in Thessalien ein Mann, der eine schöne Frau namens Alkinoe geheiratet hatte, auf Reisen und ließ sie zu Hause zurück. Alkinoe aber, wie es ihre Gewohnheit war, trieb mit einem der Diener Unzucht. Der Storch, der sich auf dem Hause aufhielt, erfuhr davon und wollte es nicht dulden, sondern rächte seinen Herrn. Jedenfalls stürzte er sich auf die Frau und raubte ihr das Augenlicht.*

Schließlich trug die von Marc Aurel begründete Legio III Italica Concors, die ›Einträchtige‹, deren hauptsächliche Aufgabe die Sicherung der italienischen Stammlande war und die im heutigen Regensburg ihr Lager hatte, den Storch sogar im Wappen. Doch bei genauerer Betrachtung entging auch den Römern nicht sein unmelodisches Klappern sowie das gravitätische Stolzieren. Wer wichtigtuerisch hinter dem Rücken eines anderen spottete, ›machte den Storch‹. Ovid schilderte in seinen *Metamorphosen*, wie sich Antigone, Schwester des Trojanerkönigs Priamos, rühmte, schöneres Haar als die Göttin Hera zu besitzen, und für ihre Überheblichkeit in einen Storch verwandelt wurde: »Nicht Ilion mochte sie schützen, / Vater Laomedon nicht, dass nicht sie in weißem Gefieder / Beifall gebe sich selbst als Storch mit dem klappernden Schnabel.«

Bei dieser so tugendreichen Konnotation des Storches war es kein Wunder, dass auch die christliche Antike nur Positives über ihn berichten konnte. Besonders der *Physiologus*, eine im

Conrad Gesner bildete in seiner Historia animalium *den Storch beim Vertilgen einer Schlange ab, die in der christlichen Symbolik das Böse verkörperte.*

2. Jahrhundert in Alexandria von einem anonymen Verfasser erstellte Naturlehre, wurde wegweisend, war der Band doch in der Spätantike und dem Mittelalter das nach der Bibel am weitesten verbreitete Werk. Zwar werden hier die Tiere naturkundlich beschrieben, doch da sie alle auch von Gott so geschaffen wurden, wie sie eben sind, wirken sie als Symbole, die Zeugnis von der Schöpfung geben:

> *Der Storch ist ein Vogel, der gar sehr sein Nest liebt. Von der Mitte nach oben hin ist er weiß, von der Mitte nach abwärts dunkelfarben. So auch unser Herr Jesus Christus: Einmal zeigt er das, was oben ist, als ein Gott für alle, dann aber was unten ist, den Menschen als ein Mensch, weder das Himmlische versäumend noch das Irdische im Stiche lassend* [...]. *Wenn die jungen Störche flügge sind, fliegen sie zu einer Stunde und an einen Punkt und ziehen in ein anderes Land, und wiederum zu einer Zeit kommen sie, richten ihre Nester auf und ziehen ihre Jungen groß. In gleicher Weise ward unser Herr Jesus Christus von uns genommen und wird zu seiner Zeit kommen und aufrichten die Gebeugten. Schön spricht der Physiologus über den Storch.*

Auch der lateinische Kirchenvater Ambrosius aus Mailand integrierte den Storch in die christliche Symbolik. In seinem *Sechstagewerk* widmete er dem Vogel gar ein eigenes Kapitel, denn von »diesem also erhielt sogar eine Tugend ihren Namen, indem die Dankbarkeit nach dem Storche benannt wird«. Hilfreich war die Beobachtung, dass Störche mit großem Appetit gelegentlich auch Schlangen verzehrten. Zwar hatte die Antike eher positive Ansichten über Schlangen, doch in der christlichen Tradition wurden sie zum Sinnbild der Verführung und

Inbegriff des Bösen: »Da sprach Gott der HERR zu der Schlange: Weil du solches getan hast, seist du verflucht vor allem Vieh und vor allen Tieren auf dem Felde. Auf deinem Bauche sollst du gehen und Erde essen dein Leben lang.« Im Dauerkampf Gut gegen Böse symbolisierte daher der schlangenvertilgende Storch Christus, der das Böse überwindet.

Sogar ein eigener heiliger Schutzpatron wurde dem Storch zugeordnet, Agricolus von Avignon, der im 7. Jahrhundert Bischof in der Rhonestadt war. Wie er diese Schutzfunktion erhielt, ist unklar – er war wohl ein so sanftmütiger Mensch, dass sich ihm auch Störche anschlossen. Weit rätselhafter ist eine Überlieferung aus dem 15. Jahrhundert, der zufolge einst durch seinen Segen die Stadt Avignon vor einer Storcheninvasion bewahrt worden sein soll.

Auch der hebräische Name des Storches חֲסִידָה *ḥăsîdāh* (im Übrigen ein Femininum) verheißt Gutes, bedeutet er doch ›die Treue‹, ›die Zuverlässige‹ und bezieht sich möglicherweise weniger auf das fürsorgliche Brutverhalten als vielmehr auf eine Mahnung des Propheten Jeremias, der dem wankelmütigen Volk Israel den Storch als Vorbild für Gehorsam gegenüber der göttlichen Ordnung nennt: »Der Storch unter dem Himmel weiß seine Zeit, Turteltaube, Schwalbe und Drossel halten die Zeit ein, in der sie wiederkommen sollen; aber mein Volk will das Recht des HERRN nicht wissen.«

So ehrenvoll dieses Lob war, für das tägliche Überleben der Art war ein göttliches Verdikt deutlich hilfreicher: Moses hatte den Storch zu den unreinen Tieren gezählt, die vom Verzehr (und damit billigerweise auch von der Jagd) ausgeschlossen waren: »Und diese sollt ihr verabscheuen unter den Vögeln,

Drei Attribute charakterisieren die um 1600 entstandene Allegorie der Pietas: die brennende Gottesliebe, das Wort Gottes am Gürtel und der Storch als Beispiel der Fürsorge zwischen den Generationen.

dass sie nicht gegessen werden, denn ein Gräuel sind sie: den Adler, den Bartgeier, den Mönchsgeier, die Gabelweihe, alle Arten des Falken […], den Storch, alle Arten des Reihers, den Wiedehopf und die Fledermaus.« Grund für das Verbot war die Beobachtung, dass sich der Storch bevorzugt von anderem unreinen Getier wie Schlangen, Fröschen und Würmern ernährt.

Noch bis in die Renaissance hinein dominierte die antike Vorstellung der *Antipelargesis* das Storchenbild; so widmete ihm der Mediziner und Botaniker Joachim Camerarius d. J. in seinem umfangreichen Werk *Symbola et Emblemata*, das mehr den Charakter einer moralisch-religiösen Weltdeutung als einer reinen Naturbeschreibung hat, ein eigenes kleines Kapitel. Ihm ist eine alles erklärende Illustration vorgesetzt: Ein junger Storch trägt im Flug seinen Vorfahren und reicht diesem dabei auch einen Frosch zur Nahrung. Und in den damals zahlreich verfassten Darstellungen der *pietas* umarmt die allegorische Gestalt immer einen Storch, der liebevoll zu ihr und den züngelnden Flammen ihrer Frömmigkeit aufblickt. In diesem Sinn gestaltete auch der Verleger Matthäus Merian sein Wappen und Verlagssignet, und zu seinem Leitsatz: *Pietas contenta lucratur* – ›Frömmigkeit zahlt sich aus‹, wählte er einen Storch als Wappentier.

Aber nicht nur in der jüdischen und christlichen Mythologie ist der Storch ein vorbildliches Wesen. Auch in islamischen Ländern genießt er ein hohes Ansehen und gilt, wie Annemarie Schimmel erklärte, »als guter Muslim«, dessen »ständiges Klappern, Laklak, als Gebet gedeutet wird; der fromme Vogel wiederholt die Worte al-muk lak, al-'izz lak, al-hamd lak. Dein ist das Reich, Dein ist die Macht, Dein ist das Lob.« In der Türkei wird *Leylek*, der Storch, oft als Hadschi, als Pilger bezeichnet – als Hadschi Leylek oder Hadschi Baba, Pilgervater –, da er auf seinem Zug nach Süden vermeintlich Mekka zum Ziel hat. Das erklärt auch einen frommen Volksglauben aus der arabischen Welt, dass ein Storch, den man dort *Laklak* nennt, die Seele eines verstorbenen Menschen verkörpert, der in seinem Leben nicht nach Mekka pilgern konnte. Diese Seelen holen nun die versäumte Hadsch in Gestalt eines Storches nach.

Mein Freund A. aus Karaman Köy erzählte mir dann auch die folgende Geschichte, die ich, da sie so wundersam klingt, hier gerne wiedergebe: Bevor er sich Scheich Nazim Kibrisi, dem 40. Großscheich des Naqschbandi-Ordens, anschloss, war er zwei Jahre lang unweit von Istanbul Schüler in der Tekke von Scheich Yakub. Im Herbst konnte man dort häufig große Schwärme von Störchen beobachten, die über den Bosporus nach Asien flogen und sich dann nach Süden wandten. An einem dieser Tage unterbrach der Scheich unvermittelt seine Predigt, ließ seine Schüler vor die Tür treten, und zu ihrem Erstaunen sahen sie im Norden einen großen Regenbogen am Firmament, obwohl es gar nicht regnete. Just in diesem Augenblick löste sich ein Storch aus einer am Himmel vorbeifliegenden Schar und landete vor der Tür zur Tekke. Die Schüler wollten ihn schon verscheuchen, da rief Scheich Yakub aus dem Inneren: »Macht Platz und lasst unseren Gast eintreten!« Tatsächlich trat der Storch in den Raum, dort flatterte der Vogel einige Male mit seinen Flügeln und kniete sich schließlich vor dem Scheich hin, der ihn freundlich mit *Salam aleikum* und *Hoş geldiniz* begrüßte, dann mit ihm redete und ihm anbot, so lange zu bleiben, wie er nur wolle. Der Vogel verstand wohl, was ihm der Scheich sagte, klapperte mit seinem Schnabel und suchte sich dann nahe der Tür eine Ecke, an der er sich wie in einem Nest niederließ.

Jeden Tag, wenn die Schüler sich auf den Boden setzten, kam er hinzu und lauschte den Predigten des Scheichs, der ihn mit Fleischstücken und kleinen Fischen fütterte. So vergingen etwa drei Wochen, da wurde der Storch unruhig, begann wieder mit seinen Flügeln zu flattern, bog den Hals auf den Rücken und klapperte mit dem Schnabel. Da sah der Scheich ihn an und sagte: »Du willst also weiterreisen. Gut, ich gebe dir die Erlaubnis und meinen Segen dazu. Nun geh!« Da drehte sich der Storch um, verließ den Raum, flog auf den First des nächsten Dachs, fächelte mit seinen Flügeln, als winke er zu einem letzten Gruß, und schraubte sich in weiten Spiralen hoch in die Luft, um dann nach Südosten, Richtung Mekka zu verschwinden. Ja, sagte mir mein Freund, das hat sich wirklich so zugetragen.

Nur ein Detail bedarf einer Korrektur: Die Storchenzüge haben nicht Mekka zum Ziel, wenngleich auch eine kleine Population im Herbst am Westrand der Arabischen Halbinsel nach Süden strebt, sondern sie queren an der Südspitze des Sinai das Rote Meer und folgen dann dem Niltal südwärts und erreichen als weitestes Ziel für eine Überwinterung dann Südafrika.

Der kleine Ort W., der mir zum zweiten Wohnort wurde, liegt an der Elbe, dem letzten großen unregulierten Fluss Mitteleuropas, und beidseits seiner Ufer erstreckt sich das größte Biosphärenreservat Deutschlands, das fünf Bundesländer miteinander verbindet. Es umfasst Überschwemmungsflächen, Auenwälder, weite Wiesenlandschaften, Binnendünen und steile Uferkanten, Moore und Brackwasser – eine naturnahe

Stromlandschaft, die doch jahrhundertelang von menschlicher Kulturarbeit geprägt ist. Hier sind Hunderte von Brutvögeln heimisch, und auch der Weißstorch wie sein scheuer Vetter, der Schwarzstorch, haben hier im Tal der Elbe ein festes und wichtiges Habitat gefunden.

Von meinem Schreibtisch aus kann ich hoch zum Storchennest blicken; will ich in es hineinsehen, muss ich auf den Turm des nahe gelegenen Elbtors steigen. Dreht man sich auf dem Turm einmal im Kreis, so hat man schon mehr als zwölf Storchennester gesehen, auch das meiner Nachbarn auf der Salzkirche. Und hebt man den Blick hin zum Rand des Horizonts, begrenzen ihn ost- und südwärts dunkle Bänder, Wälder, in denen verborgen Schwarzstörche nisten. Einen ungestörten Einblick in den Alltag eines brütenden Weißstorchenpaares bietet ein nahes, auf einem Mast und einem runden Rad als Nisthilfe erbautes Nest, das über Jahre zu einer mächtigen Brutstätte angewachsen ist und in dem auch Sperlinge als Untermieter ihr Heim gefunden haben.

Nestbau ist immer *work in progress*, auch wenn der Horst unbeschadet den Winter überstanden hat. Sofort nach der Ankunft beginnt der als Erster eingetroffene Storch mit dem Ausbau, ein eigentliches Balzritual kennen sie nicht, vielleicht ersetzt es der gemeinsame Nestbau als Element der Paarbildung. Das Herbeibringen und Aufschichten von Zweigen und Ästen hat mit der Eiablage kein Ende, sondern wird während der gesamten Brutsaison fortgeführt; hier ist es dann öfter der männliche Vogel, der all das Material besorgt, das von dem brütenden Weibchen eingebaut wird. Oft lassen sich im so saisonal erweiterten Nest Schichten wie Jahresringe unterscheiden.

Dieser Zwang zum permanenten Weiterbau kann jedoch auch fatale Folgen haben: Viele Bewohner in W. erzählen heute noch, wie vor etwa 16 Jahren der älteste Horst der Stadt, ein Gemeinschaftswerk vieler Generationen von Störchen, auf dem Hungerturm sein Gleichgewicht verlor, abstürzte und durch das Dach eines Schuppens brach. Vor knapp zehn Jahren war so auch der Horst auf der Salzkirche nebenan in Gefahr und drohte vom First zu rutschen; in einer recht publikumswirksamen Aktion, die tags darauf in der *Volksstimme* abgebildet war, konnte ihm die freiwillige Feuerwehr des Ortes aber seine Zukunft sichern.

Der Blick hinab in ein Storchennest, wie beim Elbtor möglich, gibt auch Einblicke in das Brutverhalten der Vögel, die nicht immer mit der einst sprichwörtlichen Elternliebe vereinbar sind. Gewöhnlich legen Störche drei bis fünf Eier, gelegentlich sechs und im Einzelfall auch sieben. Nicht alle Eier aber werden befruchtet, so bleibt etwa häufig das erste taub, und mancher Embryo stirbt vor dem Schlupf schon ab. Der Schlupferfolg, also der prozentuale Anteil von Eiern, aus denen Küken schlüpfen, beträgt etwa 80 Prozent; die besten Chancen haben die Eier Nr. 2 und 3. Nicht alle Jungtiere überleben ihre Nestlingszeit, nur aus der Hälfte bis zwei Drittel der Eier gehen letztendlich flügge Jungstörche hervor. Der Anblick eines Storches, egal ob Mutter oder Vater, der sich mit seinem Schnabel ein Küken schnappt, es kräftig hin und her schüttelt und dann aus dem Nest wirft, ist für einen Tierliebhaber nur schwer erträglich. Die Tat selbst, erzählte mir M., mein Storchenmentor, ist aber oft oder fast immer notwendig und sicher häufiger, als kuschelige Storchenbücher schildern mögen. Nahrungsmangel

Vier Schlüpflinge erfolgreich aufzuziehen, wie die 1892 in dem Sammelwerk Danske billeder *abgebildete Lithografie von Oluf A. Hermansen zeigt, gelingt nur in Jahren mit einem reichen Nahrungsangebot.*

bei der Aufzucht, Stress durch immer wieder aufflackernde Revierkämpfe, aber auch Krankheiten und Schwäche von Küken führen zur elterlichen Selektion des Nachwuchses.

In den ersten Tagen können die Küken nur Kleinsttiere wie Würmer, Larven oder Käfer zu sich nehmen. Die werden ihnen aber von den Altvögeln nicht wie bei anderen Arten von Schnabel zu Schnabel gereicht, sondern die Nahrung wird von den Eltern in die Mitte des Nests gewürgt und die Küken müssen sie sich dort teilen. Zunächst, so scheint es, gibt es kaum Konkurrenz unter den Nestgeschwistern, durch die unterschiedlichen Schlupfintervalle sind sie aber verschieden entwickelt und bald sind die älteren Schlüpflinge schon körperlich bei der Nahrungsverteilung im Vorteil und schließlich kommen am ehesten die robusten unter ihnen durch. Besonders schlechte Überlebenschancen haben Küken, die als vierte oder fünfte eines Geleges geschlüpft sind. Sie sind schmächtiger als ihre drei, vier Tage älteren Geschwister und stellen möglicherweise eine Art Brutreserve dar, die nur in Jahren mit einem Überfluss an Nahrung durchgefüttert werden kann.

Der Mythos, von der Form her eine Erzählung in Symbolen, berichtet über die Grundlage unserer Existenz und enthält so auch ein Verständnis der menschlichen Wirklichkeit, allerdings nur in indirekter Weise und bedarf daher oft einer Interpretation. Ein antiker Mythos ist der des Gottes Kronos, Sohn von Erde und Himmel, der von der Mutter angestiftet mit einer Sichel seinen Vater Uranos entmannte, mit seiner Schwester Rhea zahlreiche Kinder zeugte, sie aber aus Furcht vor einer Entmachtung nach der Geburt jeweils bei lebendigem Leib verschlang. Den jüngsten Sohn jedoch, Zeus, konnte Rhea verstecken, und ihm gelang es später, seinen Vater mit List und Gewalt zu überwinden, der schließlich seine einst verschlungenen Kinder wieder erbrechen musste. Mit seiner speziellen Form von Kannibalismus wurde der Gott zum Namensgeber des Kronismus, einem Phänomen der Tierwelt, bei dem Eltern ihren Nachwuchs töten und verspeisen. Die Analogie ist nicht ganz vollständig, da ja Kronos später seinen Nachwuchs wieder von sich gab. Der Verzehr von eigenen Nachkommen ist beim Storch in Zeiten knapper Nahrungsressourcen nicht selten und biologisch sinnvoller, als das Küken aus dem Nest zu werfen und einem vorbeistreifenden Fuchs zu überlassen. Einer Studie zufolge sind es in neun von zehn Fällen die Väter, die ihren überflüssigen oder überlebensschwachen Nachwuchs eliminieren.

In seinem Hauptwerk *On the Origin of Species* hatte Charles Darwin ein ganzes Kapitel der *Natural Selection* gewidmet; später ergänzte er die Überschrift mit *or The Survival of the Fittest*, meinte aber mit *fit* nicht unbedingt den physisch Stärksten, sondern die Fähigkeit zur Anpassung. In eine andere, weniger bekannte Richtung zielt eine Aussage aus Darwins zweitem großen Werk, *The Descent of Man, and Selection in Relation to Sex*, in dem er sich mit der Abstammung und Evolution des Menschen beschäftigt: »Im Großen und Ganzen«, so Darwin, »scheinen die Vögel das ästhetischste aller Tiere zu sein, mit Ausnahme des Menschen natürlich, und sie haben fast den gleichen Geschmack für das Schöne wie wir.«

Und der Weißstorch – und das ist einer der vielen Gründe, warum wir ihn lieben – ist tatsächlich ein schönes, wohlgestaltetes Tier mit einer eher strengen, dafür aber geradezu klassischen Farbwahl: weiß, schwarz, rot. Nur für einen geübten Beobachter mit Maßband in der Hand ist ein minimaler Geschlechtsdimorphismus erkennbar, der männliche Storch ist ein klein wenig größer und sein Schnabel ist geringfügig länger als bei weiblichen Individuen, doch gibt es hier einen Überschneidungsbereich, in dem beide – vom Äußeren her – nicht zu unterscheiden sind. *Ciconia ciconia* erscheint uns so jenseits der klassischen Binarität als ein geschlechtsloses Wesen, das Platz für beliebige Identifikationen bietet.

Mit seinem realistischen Pinselstrich wandte sich der belgische Maler Louis Dubois gegen eine Romantisierung der Natur, wie auch hier zu sehen bei seinen Störchen, *1858.*

Und auch Stefan George muss von der Ästhetik des Storches berührt gewesen sein; in seinem Gedichtzyklus *Das Buch der hängenden Gärten* imaginierte er sich in einen märchenhaften Orient und reflektierte, wie er im Vorwort schrieb, »die spiegelungen einer seele die vorübergehend in andere zeiten und örtlichkeiten geflohen ist und sich dort gewiegt hat«, und widmete ihnen zwei zauberhafte Zeilen, die, seit ich sie das erste Mal gelesen habe, für immer meine Bilderwelt erweiterten: »Schlanker störche schnäbel kräuseln / Teiche die von fischen schillern«. Arnold Schönberg vertonte diese Gedichte, nicht etwa als Nebenwerk, sondern erstmals gelang es ihm hier, seine Ideale zu realisieren: »Nun [...] bin ich mir bewusst, alle Schranken einer vergangenen Ästhetik durchbrochen zu haben.«

Das Rätsel der Wanderwege

Die Wanderwege des Storches waren lange Zeit ein Rätsel. Die empirische Erfahrung sprach für eine alljährliche Wanderschaft des Vogels, und Claudius Aelianus erklärte daher, »dass die Störche mit den Kranichen wegziehen, und mit ihnen dem Winter entfliehen, wenn aber die kalte Jahreszeit vorüber ist, und sie beiderseits in ihre Heimat zurückkehren, erkennen sie ihr Nest wieder, wie der Mensch sein Haus«. Ausgerechnet Aristoteles aber sprach dem Storch die Fähigkeit zur Migration ab. Ihm waren Wanderbewegungen von Vögeln jedoch nicht entgangen, viel mehr teilte er die Vogelwelt in horizontal wandernde – der Kranich beispielsweise – und vertikal, also von der Bergwelt ins Tiefland wandernde Vögel ein, zu denen vornehmlich die Schwalben gehören. Eine dritte Gruppe harre aber im Winter aus, ohne abzuwandern, und zu ihnen gehörte, so Aristoteles, eben der Storch, der in Baumhöhlen oder verborgen in Teichen auf den Frühling warte.

Diese Festlegung hatte weitreichende Folgen, denn für spätere Philosophen oder Naturforscher zählte die Autorität des Aristoteles oft mehr als die eigene Einsicht. Opfer dieser Fehleinschätzung wurde auch der Universalgelehrte Albertus Magnus, der derart aristotelesversessen war, dass auch er den Storch im sumpfigen Wasser überwintern ließ. Anders sein Zeitgenosse Friedrich II., Kaiser des Römischen Reiches. Das Motto seines Buches *De arte venandi cum avibus* lautete: *ma-*

In seinem Werk De arte venandi cum avibus *beschrieb Kaiser Friedrich II. nicht nur die Beizjagd, sondern legte ein Vogelkundebuch vor, dem eigene empirische Beobachtungen zugrunde lagen.*

nifestare ea quae sunt sicut sunt, also: Dinge »zu zeigen, die sind, so wie sie sind«. Diese nüchtern-empirische Haltung musste natürlich mit der gängigen Aristotelesrezeption kollidieren. Hier vertraute Friedrich aber mehr seiner eigenen Erfahrung als vorgegebenen Dogmen und folgte, wie er schrieb, »dem Fürsten der Philosophie nicht in allem, denn nur selten oder niemals ging er auf die Vogeljagd, wir aber liebten sie von Jugend auf und übten sie stets aus«. In dem Werk prägte Friedrich den Begriff ›Vogelzug‹ und war damit seinen Zeitgenossen weit voraus. In der berühmtesten Abschrift, von seinem Sohn Manfred herausgegeben, finden sich Abbildungen des Weißstorchs wie des Schwarzstorches; dazu ein Storchennest, das auf einem runden Turm errichtet ist und an eine vergangene Zeit erinnert, als Störche auch in Italien noch heimisch waren.

Da auch die Wissenschaftler keine fundierten Angaben zu dem winterlichen Verbleib der Störche liefern konnten, war weiterhin jede noch so abstruse Spekulation möglich. Der englische Naturforscher Charles Morton etwa vermutete, Störche überwinterten – wie auch Kraniche und Schwalben – auf dem Mond. Einen Monat, so schätzte er, bräuchten die Vögel für die Strecke zwischen der Erde und ihrem Trabanten. Eine recht kurze Reise also, die sie dank des Fehlens von Luftwiderstand und Schwerkraft recht bequem und meist schlafend bewältigen konnten. Inzwischen hatten aber Reisende vermeldet, in Syrien oder gar im Niltal Störche gesichtet zu haben, und zwar just zu der Zeit, in der sie auf dem Mond, auf fernen Inseln in Menschengestalt oder schlafend in nordischen Mooren vermutet wurden.

Im Frühjahr 1822 erregte dann in der Nähe des an der Ostsee gelegenen Städtchens Klütz ein seltsamer Weißstorch beträchtliches Aufsehen. Er hatte, wie das *Freimüthige Abendblatt* berichtete, einen »dünnen über zwei Fuß langen Stocke am Halse, der senkrecht herunter hing und ihn zwar weder im Fliegen noch in seinen sonstigen Bewegungen zu hindern schien, aber von dem die übrigen Störche durch Schnäbelung und Ziehen, wiewohl vergeblich, ihn zu befreien suchten«. Ein paar Tage später wurde er, wie die Zeitung weiter berichtete, »zur Befriedigung der allgemein erregten Neugier endlich am 21sten Mai d. J. dort geschossen«. Erlegt hatte den Vogel der Gutsbesitzer Christian Ludwig Reichsgraf von Bothmer, der die Trophäe seinem Landesherrn, dem Großherzog Friedrich Franz I. von Mecklenburg-Schwerin übergab. Dieser, ein aufgeklärter Förderer der Wissenschaften, ließ den Storch mitsamt dem Stock

Mit dem ›Rostocker Pfeilstorch‹, aufbewahrt in der Zoologischen Sammlung der Universität Rostock, begann die wissenschaftlich fundierte Forschung der bis dahin unbekannten Zugrouten des Vogels.

in seiner Präparationswerkstatt in Ludwigslust präparieren und schenkte ihn der Zoologischen Sammlung der Universität Rostock. Dort machte sich umgehend Heinrich Gustav Flörke, Professor für Botanik und Naturgeschichte, an die Untersuchung des kurios verletzten und nunmehr ausgestopften Vogels, über den er Folgendes notierte:

> *Das merkwürdige an diesem Storch ist ein hölzerner, mit breiter eiserner Spitze versehener Pfeil, der dem Thier an der rechten Seite des Halses unter der Haut steckt und unten und oben weit aus dem Körper hervor ragt. Da die eiserne Spitze oben eingeklemmt und mit Sehnen an dem Ende des Pfeils befestigt ist, so lässt sich auf ein sehr entferntes Winterquartier schließen, wo dieser Storch den Schuss erhalten hat.*

Eine genauere Untersuchung des Pfeiles ergab daraufhin, dass er »aus sehr feinaderigem tropischen Holze« bestand und wohl aus der Äquatorialgegend Afrikas stammte. Damit hatte der Rostocker Pfeilstorch, wie er fortan genannt wurde, anschaulich den klaren Beweis für den Fernzug der Störche erbracht und sein Fund markierte dann auch den allmählichen Beginn einer wissenschaftlichen Vogelzugforschung.

Dabei hatten schon die Ägypter der Pharaonenzeit und nach ihnen die Griechen und besonders die Römer sich den Heimatinstinkt von Tauben zur Nachrichtenübermittlung zunutze gemacht. Freigelassene Tauben trugen, oder besser: flogen schon im Jahr 1279 v. Chr. die Kunde von der Krönung Pharao Ramses II. in alle Ecken des weiten Reichs. Und Jahrhunderte später soll auch Caesar, wie Wendell Levi in seinem Standardwerk *The Pigeon* berichtet, per Taubenpost frühzeitig von beginnenden

Unruhen im eroberten Gallien erfahren haben, und konnte, noch ehe sich die Aufstände ausweiteten, seine Legionen nordwärts in Marsch setzen. Aber erst im Mittelalter führten Neugier und der Wunsch, das Rätsel des Vogelzugs zu lösen, zur Überlegung, jene Vögel, die im Herbst ihr Brutgebiet Richtung Unbekannt verließen, mit Botschaften zu markieren. Caesarius von Heisterbach, Prior eines bei Königswinter gelegenen Zisterzienserklosters, berichtete um 1220 in seinem *Dialogus miraculorum*, einer Art geistlicher Anekdotensammlung, von einem Mann, der einer Schwalbe ein Kärtchen am Fuß befestigte, mit der Aufschrift: »O hyrundo ubi habitas in hyeme?« – Oh Schwalbe, wo wohnst du im Winter? Im folgenden Frühling kehrte die Schwalbe mit einem anderen Zettel am Fuß zurück, der die Frage beantwortete: »In Asia in domo Petri« – In Asien im Haus des Petrus.

Den ersten fundierten Versuch, das Rätsel des Storchenzuges zu erkunden, unternahm Leonhard Thurneysser zum Thurn, der als Universalgelehrter der Renaissance die belebte und unbelebte Natur erforschte und dabei nicht selten ausgiebig das Grenzgebiet zwischen Scharlatanerie und empirischer Erkenntnis durchwanderte. Um das Jahr 1565, so der Brief eines Nürnbergers an den Reichsmarschall von Pappenheim, habe Thurneysser in Nürnberg junge Störche aufgezogen und ihnen dann »subtile und ganz geschmeidige messingene Höslein an die Beine gemacht, darein geschrieben und gebeten, wo sie den Winter hinfliegen und sich enthalten, ihm zu berichten«. Einer dieser Störche, so der Brief weiter, sei bei Berlin von dem Brandenburger Markgrafen (wohl Joachim II.) erlegt worden, und der habe das Bein, versehen nun mit einem ›Höslein‹ aus purem Gold, an den Adressaten zurückgesandt und gleichzeitig den Wunsch vermeldet, er würde gern persönlich den Mann kennenlernen, »der der Natur so fleissig nachforschedt«. Ob es zu diesem Treffen kam, ist nicht bekannt; als aber Thurneysser 1571 in Frankfurt an der Oder die Gemahlin des Kurfürsten Johann Georg von Brandenburg von einer Krankheit heilte, ernannte ihn dieser zum kurfürstlichen Leibarzt und überließ ihm in Berlin Teile des aufgelassenen Franziskanerklosters, auch Graues Kloster genannt, in dem sich Thurneysser eine Druckerei sowie ein Labor einrichtete.

Wenige Jahre später, um 1600, schlug Johannes Coler – Prediger, Laienmediziner und Verfasser populärer Hausbücher – in seinem *Calendarium perpetuum* ein Experiment vor, um das Rätsel des winterlichen Verbleibs der Störche zu lösen. Man müsse, so Coler, an den Fuß eines Storches ein Zinnplättchen befestigen, das in Griechisch und Türkisch jene Menschen, bei denen der Storch überwintern würde, um eine Nachricht über den Verbleib des Vogels bitte.

Die Idee blieb lange populär und führte dabei zu einer Legendenbildung eigener Art, die auch Heinrich Schliemann in einer persönlichen Version in seine Autobiografie integrierte. Im mecklenburgischen Ankershagen, dem Ort seiner Kindheit, hatte ihm der Dorfschneider Peter Wöllert erzählt, wie er einem Storch, der auf seinem Dach nistete, einen Pergamentzettel angebunden hatte und auf ihm den Finder bat, er möge ihm doch freundlicherweise den Namen seines Landes mitteilen. Als Wöllert im nächsten Frühjahr den Storch wieder einfing, so Schliemann weiter, »fand sich ein anderes Stück Pergament an dem Fuße des Vogels befestigt mit folgender in schlechten deutschen Versen abgefassten Antwort: ›Schwerin Mecklenburg ist uns nicht bekannt, / Das Land, wo sich der Storch befand, / Nennt sich Sankt-Johannes-Land‹«. Damit blieb aber die Neugier des jungen Heinrich ungestillt, denn das Sankt-Johannes-Land konnte sich überall und nirgends befinden.

Das Prinzip aber, Vögel mit einer Markierung an einem der Beine zu versehen, um so ihre Wanderbewegungen zu erforschen oder auch mehr über ihr Sozialverhalten zu erfahren, war nun in der Welt. Konsequent und erfolgreich wandte es als Erster der dänische Lehrer Hans Christian Mortensen an. Er legte erstmals 1899 gefangenen Staren Aluminiumringe an, die mit einer fortlaufenden Nummer sowie einer Adresse für Benachrichtigungen bei Funden versehen waren. Tatsächlich trafen binnen Kurzem zahlreiche Rückmeldungen ein, und so wurde Mortensens Methode rasch europaweit populär. Nur kurze Zeit später wurde in Rossitten, einem kleinen Dorf auf der Kurischen Nehrung, das heute Rybatschij heißt, eine Vogelwarte gegründet, die als ornithologisch-biologische Forschungsstation von der Universität Königsberg und der Allgemeinen Deutschen Ornithologischen Gesellschaft betrieben wurde – und im Übrigen weltweit die erste ihrer Art war. Dort hatte schon wenige Jahre zuvor der Ornithologe Johannes Thienemann einen »Vogelzug, so gewaltig, wie er bisher noch nie in Deutschland beobachtet worden war«, erlebt und spontan die Idee zur Gründung der Warte gefasst.

Und tatsächlich konnte es kaum einen günstigeren Ort geben, denn auf dem schmalen Landstrich der Nehrung zwischen Memel und Samland bündeln sich die Flugrouten der Zugvögel, die offenes Wasser meiden, wie in einem Flaschenhals. In Spit-

Vater und Sohn beobachten in dem 1900 von Józef Chełmoński angefertigten Gemälde Störche *fasziniert den Flug der Vögel, die lange Jahrzehnte ihr Hauptbrutgebiet in Polen hatten.*

zenzeiten passierten dort bis zu zwei Millionen Vögel pro Tag. Neben einer recht allgemeinen Beobachtung der Lebensweise der Vogelwelt und Untersuchungen zu ihrem Schutz wurde die massenhafte Beringung von Zugvögeln zur Hauptaufgabe der Warte; nur so erhoffte man sich, endlich valide Ergebnisse zum Enträtseln des Vogelzuges zu erlangen. Waren es 1903 noch 103 Beringungen, so wuchs die Zahl 1912 schon auf mehr als 41 000 an und bis 1944 erhielten allein in Rossitten etwa eine Million Zugvögel dauerhafte Aluminiumringe angepasst.

Bis heute garantiert nur eine möglichst hohe Zahl an beringten Vögeln einigermaßen verlässliche Aussagen über ihr Zugverhalten, da Rückmeldungen zunächst nur durch den Fund von toten Tieren möglich wurden. Und hier gab und gibt es auch heute noch einen deutlichen Unterschied zwischen einzelnen Arten: Während bei jagdbaren oder größeren Vögeln – zu dieser Gruppe zählt der Storch – die Rückmeldung etwa fünfzehn bis dreißig Prozent betrifft, werden nur etwa ein Prozent der beringten Kleinvögel als Funde den Vogelwarten gemeldet. Es ist also eine möglichst hohe Zahl an Beringungen (bis zum Jahr 2000 wurden weltweit tatsächlich etwa 200 Millionen Vögel beringt) erforderlich, um aus den übermittelten Funddaten ein anschauliches Bild von Vogelzugrouten zu formen.

1906 begann Thienemann mit systematischen Weißstorchberingungen, und schon drei Jahre später erhielt er sechs Rückmeldungen, unter ihnen fünf aus Afrika. Der am weitesten entfernte Nachweis stammte von einem Vogel, der etwa 9500 Kilometer weit geflogen war und »nahe einem Dorfe 25 Meilen von Maseru im Basutolande«, dem heutigen Lesotho, erlegt worden war. Von nun an wurden Tausende von Weißstörchen mit einem Aluring versehen, und da tatsächlich die Zahl der Rückmeldungen stieg, konnte Thienemann bald die Hauptzugroute der nord- und ostdeutschen, auch mitteldeutschen Störche benennen: Sie führte nach »Ungarn hinein, über den Bosporus, durch Kleinasien, Syrien, Palästina, nach Afrika hinüber, das Niltal aufwärts und weiter in die mit Seen ausgestattete Osthälfte Afrikas bis zur äußersten Südspitze dieses Erdteils, wo die Hauptwinterherbergen liegen«. Überraschenderweise wurden auch vereinzelt Sichtungen aus dem Süden

Frankreichs und aus Spanien nach Rossitten gemeldet. Damit eröffnete sich eine weitere, eine westliche Zugroute nach Afrika, die allerdings, da sich die bei Weitem umfangreichste Storchenpopulation im Osten Europas befand, zunächst nur marginale Beachtung erfuhr. Erst als genügend Ringfunde von Störchen gemeldet wurden, die im Westen und im Süden Deutschlands, aber auch im angrenzenden Elsass und in Lothringen gebrütet hatten, zeigte sich, dass die westliche Zugroute nicht Spanien als Ziel hat, sondern über die Meerenge von Gibraltar bis hin nach Westafrika führt und für die meisten Störche im Binnendelta des Niger oder im Tschadseebecken endet.

Da ein großer Teil der gekennzeichneten Störche wieder in sein Brutgebiet zurückkehrte, eröffnete die Beringung ganz neue Möglichkeiten der Erforschung auch des Sozialverhaltens ihrer Träger. Durch das uniforme Äußere des Storches gab es bis dahin keine Möglichkeiten, einzelne Individuen zu erkennen; bekannt war lediglich, dass weibliche Störche sich durch ihre etwas geringere Größe von den männlichen Artgenossen unterschieden. Mithilfe eines Fernglases und etwas Geschick gelang es nun immer häufiger, die Ringdaten von Rückkehrern abzulesen. So wurden erstmals aus anonymen Tieren wiedererkennbare und auch benennbare Einzelwesen.

Einmal vom Baum der Erkenntnis genascht, mussten liebgewonnene Mythen sodann begraben werden, etwa die Legende vom Storch als vorbildlich monogames Lebewesen. Zahlreich waren bis dahin zwar Schilderungen, in denen Storchengerichte untreue Weibchen zum Tode verurteilten und das Urteil auch gleich mit ihren Schnäbeln vollstreckten. In ihnen dienten die Störche jedoch als Projektionsfläche menschlicher – hier repressiver – Moralvorstellungen, und analog zum Mythos der Frau als Gefäß der Sünde wurde in diesen Erzählungen nie ein männlicher Storch der Untreue angeklagt.

Nun ist der Weißstorch, wie auch die meisten seiner Gattung, ein ausgesprochen nesttreues Wesen, und diese Eigenschaft eint beide Geschlechter. So geschieht es, dass sich im Frühjahr die Partner des vergangenen Jahres oft wieder am gleichen Nest treffen, dann erneut eine saisonale Brutehe eingehen und so eine lobenswerte Monogamie vortäuschen. Zwölf Jahre lang – das verrieten die gut ablesbaren Ringe – brütete so auf dem Horst unterhalb des Elbtores in W. immer das gleiche Storchenpaar, während ringsumher alle möglichen Allianzen geschlossen und aufgekündigt wurden; im verflixten dreizehnten Jahr aber fehlte der gewohnte Storch, und an seiner Stelle bezog ein männlicher Neuzugang das Nest. War der Ex in Afrika verstorben, auf dem Weg dorthin oder auf dem Rückflug, oder hatte er sich einfach nur verspätet, fand seinen Platz besetzt und erwählte dann eine andere Gefährtin?

Jedes Jahr begeben sich weltweit fünfzig Milliarden Vögel auf die Wanderschaft, ein wesentlicher Teil aber, mindestens eine Milliarde, überlebt die Strapazen nicht. Von den Jungstörchen, die gesund und munter ihr Nest verlassen konnten, überlebt nur etwa ein Drittel bis ein Viertel das erste Lebensjahr. Mit zunehmender Lebenserfahrung sinkt die Todesrate, bei adulten Vögeln ab dem vierten Lebensjahr beträgt die Überlebensrate etwa 85 Prozent. Auch heute noch ist eine umfangreiche Beringung von Störchen – und da gibt es keinen Unterschied zwischen schwarz und weiß – wichtigste Grundlage einer Bestandsbeobachtung. Der klassische Aluminium-

Im Herbst schließen sich die Weißstörche zu großen Gruppen zusammen, um gemeinsam den gefahrvollen Zug in die südlichen Überwinterungsquartiere zu unternehmen.

ring hat inzwischen ausgedient, seit 2003 wird der verbesserte ELSA-Ring (*European Laser Signed Advanced*-Ring) verwendet, ein schwarzer Kunststoffring, dem per Laser in weißer Schrift ein Buchstaben-Ziffern-Code mit Kürzel für die Beringungszentrale und eine zusätzliche Adresse eingraviert wurde. Dieser Ring lässt sich auch in einer Entfernung von 200 Metern noch von guten Sichtgeräten, einem Spektiv oder einem guten Teleobjektiv, ablesen. Zusätzlich hat er den Vorteil, dass Kot nicht so gut an ihm haftet. Störche haben nämlich eine eigentümliche Methode zur Thermoregulation entwickelt: Bei hohen Temperaturen – das geschieht in den afrikanischen Überwinterungsgebieten, nicht in unseren Breiten – bekoten sie ihre Beine mit dickflüssiger Harnsäure, die durch ihre Verdunstung die Beine und somit auch den gesamten Körper abkühlt und durch die weiße Farbe zusätzlich die Sonneneinstrahlung besser reflektiert.

Bei den Aluringen hatte die Verkotung in nicht wenigen Fällen zu Schäden an den Beinen geführt, da das Harnsäurekonzentrat zwischen Ring und Bein einsickern kann, dort auskristallisiert und so eine feste und harte Manschette bildet. Die kann leicht zu Drucknekrosen und Entzündungen führen und zusätzlich die Durchblutung der Extremität schädigen. Der Weißstorch ist aber wie alle Arten seiner Gattung ein Schreitvogel und kann nur dann Nahrung aufnehmen, wenn ihn intakte Beine durch sein Nahrungshabitat staken lassen. Schätzungen, die freilich empirisch nicht belegt sind, ergaben, dass bis etwa fünf Prozent der aluberingten Störche an Krankheiten oder Nahrungsmangel verstarben, die kausal auf ihren Beinschmuck zurückzuführen waren. Da diese ungewöhnliche Thermoregulation in Europa kaum beobachtet wurde, blieb die ringbedingte Storchenmortalität lange unbeachtet.

In Deutschland gibt es heute drei Zentren für wissenschaftliche Vogelberingung und folgende Kürzel, sichtbar auf den Ringen, sind ihnen zugeordnet: DEW für die Vogelwarte Helgoland am Institut für Vogelforschung Wilhelmshaven, DEH für die Beringungszentrale Hiddensee mit Sitz am Landesamt für Umwelt, Naturschutz und Geologie Mecklenburg-Vorpommern in Güstrow, und DER für die Vogelwarte Radolfzell am Max-

Planck-Institut für Verhaltensbiologie in Radolfzell. Da auch bei dem ELSA-Ring Verletzungen gemeldet wurden, hat die Beringungszentrale Hiddensee aktuell einen neuen gelben Ring aus PMMA ersonnen, der aufgrund seiner glatten Oberfläche weniger verschmutzungsanfällig ist und sich dazu frei um das Storchenbein bewegt, um so besser die Bildung einer starren Harnsäuremanschette zu verhindern.

Während in den Anfangsjahren der wissenschaftlich motivierten Beringungen auch erwachsene Störche gefangen und markiert wurden, geschieht das heute fast ausschließlich bei Jungstörchen, bevor sie flügge geworden sind. In diesem Alter verfallen die Nestlinge bei der Annäherung von Menschen in eine Akinese, einen angeborenen Totstellreflex, der sie vor überfliegenden Greifvögeln als potenziellen Fressfeinden schützt, gleichzeitig auch durch eine komplette Muskelstarre ein Fluchtverhalten unterdrückt und so die Jungstörche vor dem Herausfallen aus dem Nest schützt. Generell dulden Weißstörche keine fremden Artgenossen an ihrem Nest. Bei Menschen sind sie geduldiger, die Storcheneltern verlassen kurz den Horst, beobachten aus der Nähe die Beringung ihres Nachwuchses und führen, wenn die Prozedur beendet ist, unaufgeregt ihre Brutpflege weiter. Als im letzten Jahr die beiden Nestlinge meines Nachbarhorstes beringt wurden, hatten die Eltern, als sie zurückkehrten, plötzlich drei Junge zu versorgen: Die Beringer, ehrenamtliche Mitarbeiter des Storchendorfes Loburg, hatten ihnen in einem ungewöhnlichen Adoptionsverfahren ein Storchenküken untergeschoben, das aus einem anderen Nest verstoßen wurde. In diesem Jahr war das Nahrungsangebot auf den Elbwiesen reich, so akzeptierten die

Altstörche den ungeplanten Familienzuwachs und fütterten das Pflegekind klaglos, bis es flügge war und sich bald selbst versorgen konnte. Zwar erwies sich der Nachkömmling als der schmächtigste des Trios und verließ als Letzter das Nest, aber dann schloss er sich einer Schar herumvagabundierender Jungstörche an, und eines schönen Tages Ende August waren sie alle weg, verschwunden Richtung Süden, einem ungewissen Schicksal entgegen.

Die Konzentration der Zugrouten nach Afrika auf die Randgebiete des Mittelmeeres hat einen recht einfachen Grund und liegt im Flugverhalten des Storches. Grob gesagt gibt es bei Vögeln zwei unterschiedliche Formen von Fortbewegung in der Luft, einmal aktiv durch ein ellipsenförmiges Auf- und Abwärtsschlagen der Flügel, oder passiv durch Gleiten mit ausgebreiteten Flügeln auf tragenden Luftströmungen. Energiesparender ist natürlich der Gleit- oder Segelflug und für einen großen Vogel wie den Storch so die ideale, weil ökonomischere Fortbewegung. Dazu sind allerdings spezielle Wetterbedingungen Voraussetzung, denn der Vogel muss zunächst an Höhe gewinnen, und das schafft er vorzugsweise durch aufsteigende warme Luftmassen. Diese entstehen durch die Erwärmung der Erdoberfläche bei Sonneneinstrahlung, und da ein gepflügter Acker oder ein trockenes Getreidefeld sich rasch aufheizen, geben sie die Wärme an die Luft ab, die dann, da leichter als kalte Luft, in die Höhe drängt. Passiert das kontinuierlich, bildet sich ein Thermikschlauch, in dem wie in einem kreisenden Wirbel die warme Luft mit hoher Geschwindigkeit – fünf bis zehn Meter pro Sekunde – aufsteigt. Solche Thermiksäulen sind für

Eine Serie fliegender Störche gehörte 1884 zu den weltweit ersten Augenblicksfotografien, die Ottomar Anschütz mit einem neuartigen Schlitzverschluss an seiner Kamera ablichten konnte.

Störche die idealen Aufzüge, um ohne Anstrengung enorme Höhen gewinnen zu können, in denen sie dann, jetzt voller kinetischer Energie, im raschen Gleitflug ohne große Muskelkraft weite Entfernungen überwinden können. Im August sind an sonnigen Tagen die gemähten Elbwiesen solche Aufwindzonen, dann flirrt die Luft über der Erde und die Jungstörche lernen und üben in schier endlosen kreisenden Schleifen das Thermiksegeln.

Wasserflächen aber taugen, da sie Wärme speichern und nicht abgeben, nicht für thermische Aufwinde, und so stellt das Mittelmeer für Thermiksegler, anders als für Ruderflügler

Störche waren für Otto Lilienthal Lehrmeister, ihnen widmete er in seinem epochalen Werk Der Vogelflug als Grundlage der Fliegekunst *ein selbst gemaltes Frontispiz, eine* Kreisende Storchfamilie.

wie etwa die Schwalben, eine natürliche Barriere dar, die nur an ihren Rändern überwunden werden kann. Dort, am Bosporus, am Roten Meer oder bei Gibraltar, überqueren die Störche in kräftezehrendem Ruderflug die Meerengen, bis sie, wieder über sonnenbeschienenem Land, neue Aufwinde für den Weiterflug zu ihren Winterquartieren finden.

Am schwierigsten ist der Flug über die eigentlich kurze, nur fünfzehn Kilometer breite Straße von Gibraltar. Hier wehen immer Winde, meist von West nach Ost, nicht selten aber auch in umgekehrter Richtung. Wenn sich die Landmassen der europäischen Sierra Nevada und des nordafrikanischen Atlasgebirges nähern, werden die Luftmassen wie in einer riesigen Düse beschleunigt und durch die Meerenge gepresst, um dann wieder über dem Atlantik oder dem Mittelmeer an Kraft zu verlieren. Bei Starkwinden ist keine Querung der Straße möglich, und dann kommt es an der Südspitze Spaniens zu einem Zugstau: Tausende von Störchen sammeln sich bei Tarifa und warten auf eine geeignete Wetterlage. Auch dann ist der Kraftaufwand für den Flug übers Wasser noch erheblich, und Filmaufnahmen aus einem begleitenden Motorsegler zeigten Störche, die über der Meerenge ihren Mageninhalt erbrachen. Noch ist unklar, ob das als Reaktion auf den körperlichen Stress zu werten ist oder die Störche so ganz einfach überflüssigen Ballast abwerfen wollten.

Während die Beringung von Störchen einigermaßen das Geheimnis der Zugrouten und der Lage der Winterquartiere geklärt hatte, blieben nach wie vor viele Fragen unbeantwortet, etwa die nach dem Orientierungssinn, der inneren Steuerung der Vögel auf ihrer Wanderung. Ein Experiment, das hier Klarheit schaffen sollte, bestand darin, im Herbst Jungstörche so lange zurückzuhalten, bis alle Altstörche, denen sie sich hätten anschließen können, ihr Brutgebiet verlassen hatten. Da die meisten in Ostpreußen geschlüpften Jungstörche nach Beobachtungen der Vogelwarte Rossitten aus dem Jahr 1933 die Ostroute nahmen, auch wenn sie im Westen Deutschlands freigelassen wurden, galten diese Versuche als »wichtiges Zeugnis für die Erblichkeit des Richtungstriebes und für seine Wirksamkeit auch im Bereich einer in andrer Richtung abziehenden Bevölkerung«.

Jahrzehnte später, etwa ab 1970, etablierte sich ein ganz anderes Verfahren zur Beobachtung wandernder Tiere, die satellitengestützte Telemetrie. Dabei werden sie mit einem Sender versehen, der regelmäßig Signale an Satelliten übermittelt, die seine Position bestimmen und die Daten an einen Empfänger auf der Erde weiterleiten. 1990 erhielten erstmals junge Weißstörche solche Sender, die damals noch knapp hundert Gramm schwer und batteriebetrieben waren; inzwischen wiegen sie weniger als dreißig Gramm und werden durch Solarpaneele mit Energie versorgt. Neben Positionsbestimmungen speichern sie heute auch Beschleunigungsdaten und verfügen über eine inertiale Messeinheit, die über Gyroskop, Beschleunigungssensoren und Magnetometer die räumliche Position des Storches aufzeichnet. Die gesammelten Daten werden gebündelt in Pakete über das Mobilfunknetz verschickt, das selbst in Afrika (mit Ausnahme der Sahara) eine gute geografische Abdeckung gewährleistet. Um Verletzungen durch Druck oder Reibung zu vermeiden, werden die Datenlogger mit einem teflonbeschichteten Perlongeschirr befestigt.

Dieses satellitengestützte Storchentracking revolutionierte die Forschung über das Zugverhalten der Vögel, denn erstmals konnten gesicherte Angaben über Tagesetappen, Flughöhen oder Rastgebiete erfasst werden. Inzwischen vermitteln die Daten auch Einsichten über die Aktivitätsmuster, den Energiehaushalt und das Wohlbefinden der Tiere, dazu über ihre Flugmanöver und die Entscheidungsfindung innerhalb eines Schwarmes. All das beantwortete viele bisher ungelöste Fragen, Vogelforscher mussten aber auch Erkenntnisse korrigieren, die als gesichert galten. Exemplarisch für diese Wissenserweiterung wurde die über vier Jahre dokumentierte Odyssee eines Storches aus Ostpreußen, der nach der Nummer seines Telemetriesenders den prosaischen Namen ›Versuchsstorch Nr. 14554‹ erhielt.

Am 12. Juli 2000 wurde er im Alter von etwa fünf Wochen aus einem Nest nahe Kaliningrad entnommen und anschließend mit anderen Schicksalsgenossen in einer großen Voliere im Gelände der Biologischen Station in Rybatschij, der einstigen Vogelwarte Rossitten, aufgezogen. Dort lernte er das Fliegen, erhielt einen Sender und wurde am 7. September, als schon alle Altstörche, die ihm als Führer hätten dienen können, weit im Süden waren, mit anderen Versuchsstörchen freigelassen. Die Gruppe bestand aus zwei Störchen mit Satellitensendern und zwei, die nur mit Aluringen markiert waren. Zunächst hielten sie sich einige Tagen in der Nähe ihres Auslassortes auf, flogen dann aber überraschenderweise Richtung Südwest. Nach nur zehn Tagen verunglückte einer der besenderten Störche in der Nähe der deutsch-polnischen Grenze und am 21. Oktober wurde einer der Ringstörche in Südbaden tot aufgefunden; der zweite beringte Storch wurde nie wieder gesehen oder gefunden. Zuvor schon, am 3. Oktober, hatte unser Versuchsstorch 14554 bei Nîmes die französische Mittelmeerküste erreicht und begann vier Tage später, das Meer in südlicher Richtung zu überqueren. Bereits tags darauf meldeten Satelliten seine Ankunft in Tunesien. Für die über dem Meer zurückgelegte Strecke von 752 Kilometern benötigte er nur gut 25 Stunden – das macht eine Zwischenlandung auf Korsika oder Sardinien unwahrscheinlich. Bis August 2001 verblieb er im Nordgebiet von Tunesien und Algerien. Dann überquerte er im August 2001 die Sahara und blieb anschließend die nächsten Monate in einem Gebiet, in dem sich Niger, Nigeria, Tschad und Kamerun berühren. Dort überwinterte er auch.

Mitte Februar 2002 begann er nach Norden zu ziehen, überquerte ein zweites Mal die Sahara, zog von Algerien Richtung Westen und überquerte am 13. Mai die Meerenge von Gibraltar. Den anschließenden Sommer verbrachte er in Spanien, blieb dort auch den Winter über und begann am 1. März 2003 – er war nun knapp drei Jahre alt – den Heimzug nach Norden. Dazu überquerte er das gesamte Verbreitungsgebiet der westeuropäischen Weißstorchpopulation und kam am 30. März westlich von Olsztyn in Nordpolen an, nur gut 200 Kilometer von seinem Geburtsort entfernt. Unklar blieb, ob er dort brütete.

Am 24. August 2003 begann er seinen Wegzug ins südliche Überwinterungsgebiet, folgte aber diesmal der Ostroute, erreichte schon am 5. September das Marmarameer und keine Woche später die afrikanische Küste des Roten Meeres. Hier folgte er dem Mainstream der osteuropäischen Weißstörche, bog nach Erreichen des Sudan nach Westen ab, verbrachte ei-

William Daniell war 1809 voll des Lobes über den Storch: »Er hat ein sehr sanftes Wesen, ist weder scheu noch wild, und gilt als Vorbild für eheliche Treue und Respekt gegenüber den Eltern.«

nen Ruhemonat im Tschadseegebiet, kehrte aber wieder nach Osten in den Sudan zurück und überwinterte dort. Am 1. März 2004 begann der Heimzug, der ihn an die ägyptische Mittelmeerküste und anschließend in den Gazastreifen brachte. Dort und in dem benachbarten Israel verlieb er noch einige Tage, dann begannen sowohl Qualität wie auch Quantität der Ortungen zu leiden; immerhin gab es am 5. April eine Meldung aus Bulgarien und am 14. April eine aus Nordpolen. Dann lieferte der Sender keine zuverlässigen Meldungen mehr.

Die Zugwege des Storches 14554 waren tatsächlich, wie die Autoren betonten, »einzigartig«, denn zum ersten Mal wurde hier dokumentiert, dass ein und dasselbe Individuum sowohl die Ost- als auch die Westroute nutzen kann. Erstaunlich war auch, dass der Versuchsstorch das Mittelmeer im zentralen Bereich überquert hatte, denn die Strecke über offenem Meer im Ruderflug zurückzulegen war mit einem hohen Aufwand an Energie verbunden, eine entsprechend starke Motivation musste Nr. 14554 für diesen Weg gehabt haben.

Nun sind generell gesehen das Zugverhalten und die Orientierungsmechanismen von Zugvögeln angeboren, und so war es ursprünglich Konsens unter Ornithologen, dass auch die Abflugrichtung eines Storches genetisch festgelegt ist. Hier aber bewies der Proband, dass neben einer genetischen Programmierung auch andere Einflüsse das Zugverhalten bestimmen oder sogar dominieren. Eigentlich hätte ihn sein angeborener Orientierungssinn über die Ostroute nach Afrika führen müssen, dazu fehlten ihm Altvögel, von deren Erfahrung er bei der Routenwahl hätte profitieren können.

Zugvögel haben für ihre Wanderschaft ganz unterschiedliche Strategien entwickelt, Gänse etwa fliegen im Familienverbund und die Jungvögel lernen den Weg ins Winterquartier von ihren Eltern. Ganz anders beim Kuckuck, der ja nie seine leiblichen Eltern kennengelernt hat: Bei ihm sind Zugzeitpunkt, Flugrichtung und Dauer der Wanderschaft genetisch festgelegt.

Nicht immer sind die Augen der Menschen jedoch himmelwärts gerichtet, häufiger blicken wir hin zum Boden. Hier sehe ich die Schatten der Störche über das Kopfsteinpflaster unter meinem Fenster vorbeihuschen, wenn sie, von den Marschen kommend, im Gleitflug die Salzkirche queren und ihre Nester in der Stadt anfliegen. Der Flugpionier Otto Lilienthal nannte ihre Flugbewegungen »weich«, mit ihren gestreckten Beinen,

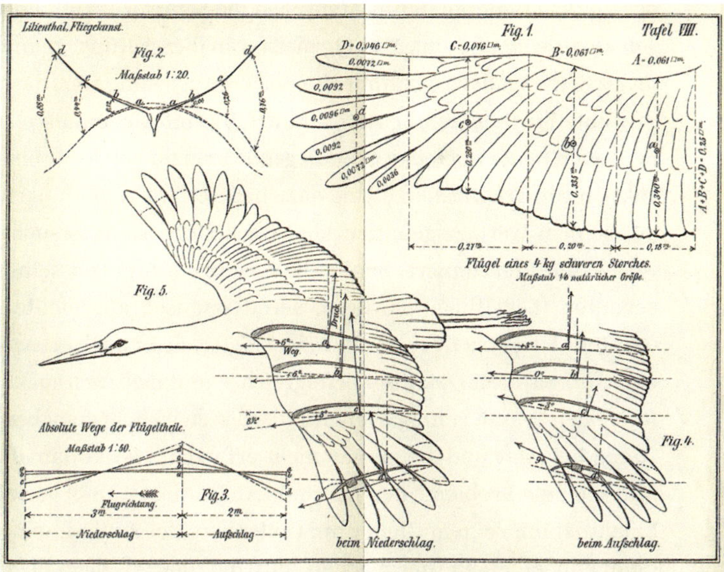

Gewölbte Flügelflächen liefern einen größeren Auftrieb als ebene – diese bahnbrechende Erkenntnis verdankte Lilienthal dem genauen Beobachten und Vermessen der Flügel des Storches.

dem geraden Hals und breiten Schwingen bilden sie ein fliegendes Kreuz, und genau diesen Augenblick hat Lilienthal in einem Bild eingefangen und seinem Werk über den Vogelflug als Frontispiz vorangestellt.

Der Flug der Störche war für Otto Lilienthal großes Vorbild für seine langjährigen flugtechnischen Forschungen, die er 1883 in seinem Grundlagenwerk *Der Vogelflug als Grundlage der Fliegekunst* zusammenfasste. »Fast möchte man dem Eindrucke Raum geben«, so Lilienthal, »als sei der Storch eigens dazu geschaffen, um in uns Menschen die Sehnsucht zum Fliegen anzuregen und uns als Lehrmeister in dieser Kunst zu dienen.« Seine vielleicht bahnbrechendste Entdeckung war, dass gewölbte Flügel einen besseren Auftrieb ermöglichen als plane – auch heute noch das grundlegende Prinzip bei der Konstruktion von Tragflächen –, und dazu hatte er, wie Abbildungen aus seinem Werk zeigen, den Flügel des Storches untersucht, vermessen und kopiert. Schließlich gelangen ihm mit selbst gebauten ›Segelflugapparaten‹, aerodynamisch ausgefeilten Geräten, Flüge bis über zweihundert Meter. So erwarb er sich den Ruf, als erster Mensch erfolgreich – und das auch mehrfach – den Traum vom Fliegen praktisch verwirklicht zu haben. Wenig bekannt und schon gar nicht erforscht waren damals hingegen die Probleme der Thermik. Am 9. August 1889 geriet Lilienthal mit seinem Gleiter am Gollenberg bei Stölln in eine ›Sonnenböe‹, einen thermischen Aufwind, der ihn nach oben wirbelte, gleichzeitig aber auch zu einem Strömungsabriss an den Flügeln führte, der ihn dann senkrecht abstürzen ließ. Tags darauf erlag er seinen Verletzungen, und damit auch jener Sehnsucht, »sich hinaufzuschwingen, und frei wie der Vogel über lachende Gefilde, schattige Wälder und spiegelnde Seen dahinzugleiten, und die Landschaft so voll und ganz zu genießen, wie es sonst nur der Vogel vermag«.

Eine Lebensgeschichte

In der biologischen Wissenschaft steht die Bezeichnung Life-History für einen analytischen Rahmen, in dem die Vielfalt der durch eine natürliche Auslese geformten Lebensstrategien ganz verschiedener Organismen untersucht wird. All die Ereignisse eines Lebenszyklus – die Jugendentwicklung, der Beginn der Geschlechtsreife, die erste Fortpflanzung, auch die Anzahl der Nachkommen sowie die elterlichen Investitionen in ihre Aufzucht, aber auch Lebensdauer und Tod – hängen von der physischen und ökologischen Umgebung des jeweiligen Individuums ab. Dabei spielt die Ausprägung einer sogenannten evolutionären Fitness eine große Rolle, also die Frage, wie ein Organismus innerhalb seiner Lebensspanne die ihm zur Verfügung stehenden Ressourcen nutzt. Hier hat die Evolution ganz unterschiedliche, ja extreme Modelle entwickelt: Der pazifische Lachs etwa produziert Tausende von Eiern und stirbt nach deren Ablage, bei den Walen ist hingegen (wie überhaupt bei den meisten Säugetieren) eine lange Lebensspanne mit wenigen Nachkommen, viel elterlicher Fürsorge und einer langen Zeit bis zur Geschlechtsreife verbunden. Auch Störche tendieren zu einer langen Lebensdauer – wildlebend etwa acht bis fünfzehn Jahre, in Gefangenschaft bis und in Einzelfällen auch über dreißig Jahre – und geringer Vermehrungsrate.

Das Geburtsgewicht eines Storches beträgt etwa siebzig Gramm, nach fünf Tagen hat er es bereits verdoppelt, und am

Die Familienidylle im Storchennest, wie sie 1873 John Gould gezeichnet hat, trügt oft; genetische Untersuchungen haben jüngst ergeben, dass die Jungvögel oft nur Halbgeschwister sind.

Ende der siebten Lebenswoche hat der Jungstorch bereits sein Maximalgewicht von drei oder etwas mehr Kilogramm erreicht. Für dieses rapide Wachstum ist eine Unmenge an Futter erforderlich, und das setzt, vor allem wenn die Störche in einer Art Kolonie nisten, ein weites intaktes Nahrungshabitat voraus. In einer Brutperiode, so Berechnungen, benötigt eine durchschnittliche Storchenfamilie etwa 180 Kilogramm an Nahrung; für das Elternpaar bedeutet das permanente Nahrungssuche. Da die Nestlinge nach dem Schlüpfen noch über keinerlei Thermoregulation verfügen, müssen sie anfänglich auch von einem erwachsenen Vogel ›gehudert‹, also gewärmt (und vor Regen wie vor zu starker Sonneneinstrahlung geschützt) werden, hier trägt dann der andere Elternteil die volle Verantwortung für die Versorgung mit ausreichender Verpflegung. Energetisch wertvoll sind Insekten, wichtig aber auch Regenwürmer, mit wachsendem Alter auch Mäuse. Dazu hat der Storch unterschiedliche Jagdmethoden entwickelt, einmal harrt er regungslos vor Schlupflöchern von Kleinsäugern aus (Lauerjagd), ein andermal sammelt er beim Schreiten über die Wiesen seine Beutetiere auf oder stochert in den Boden, um Regenwürmer aus ihren Röhren zu ziehen (Stocherjagd). Dabei sind, besonders bei feuchten Wiesen, hohe Fangzahlen möglich, nicht weit entfernt von W. beobachtete Krista Dzietwiaty für ihre Dissertation einen Storch, der innerhalb von fünfzehn Minuten 117 Regenwürmer schluckte.

Das Fliegen ist den Störchen angeboren; schon im frühen Alter heben und senken die Schlüpflinge im Nest ihre Flügel. Um den 40. Lebenstag beginnen sie – immer noch im Nest – mit Luftsprüngen, die von Flügelschlägen begleitet werden, drei

Wochen später erfolgen ihre ersten kurzen Ausflüge. Manchmal drängen die Eltern durch ›Aushungern‹ ihren Nachwuchs zu eigenständigen Flügen, in denen die Jungstörche ihre Umgebung erkunden können und selbstständige Nahrungssuche lernen. Eine kurze Weile ist das Fliegen noch *learning by doing*, die Bewegungsmuster sind anfangs oft unbeholfen und nicht selten enden die ersten Flugversuche mit Unfällen. Einige werden von Windböen erfasst und stürzen ab, andere landen in einem Getreide- oder Rapsfeld und können aus eigenen Kräften nicht mehr abheben, und wieder andere kollidieren beim Anflug auf das Nest mit einer Hauswand. Auch in W. werden gelegentlich hilflose oder gar verletzte Jungstörche unweit ihres Horstes entdeckt, hier reicht ein Anruf bei G., dem Storchenexperten unseres Ortes. Er kommt dann und legt vorsichtig dem entkräfteten Tier ein Tuch über den Kopf, dann lässt es sich fassen und wird zur weiteren Betreuung in die Aufzuchtstation eines Storchenhofes verfrachtet. Wenn die Zeit des Aufbruchs ins Winterquartier naht, beginnen die Jungstörche, erkennbar an etwas dunkleren Schnäbeln und Beinen, noch vor den Altvögeln den Flug in den unbekannten Süden.

Bevor aber die eigentliche Zugroute eingeschlagen wird, erkunden die erstjährigen Störche die weitere Umgebung ihres Geburtsortes, ein Phänomen, das als ›Jugendzerstreuungswanderung‹ bezeichnet wird. Offensichtlich dient dieses tagelange und scheinbar ziellose Umherstreifen der Herausbildung eines Heimatgedächtnisses. Dabei prägen sich, so die Theorie, die jungen Störche Landschaftsmerkmale ein, die später für eine sichere Rückkehr in das Herkunftsgebiet hilfreich sind. Dann aber schließen sie sich einer Gruppe an, die gen Süden zieht,

Bei einem Jungstorch sind Schnabel und Beine als wichtigstes Unterscheidungsmerkmal zum adulten Tier noch von blassdunkler Färbung.

und hier beginnt für die jungen und unerfahrenen Vögel die eigentliche Herausforderung.

Anders als früher vermutet, unternehmen junge Störche diese Reise nicht mit ihren Eltern, sondern fliegen im Verband mit vielen anderen Jungstörchen. Eine Studie, die allerdings nur Westzieher untersuchte, fand heraus, dass es in diesen Gruppen zwei unterschiedliche Typen gibt, sogenannte Mitläufer und einige wenige Leitstörche. Letztere fliegen an der Spitze der Gruppe und müssen den optimalen, also energieeffizientesten Weg finden, etwa jene Thermiksäulen, die den Störchen den Aufstieg in Höhen ermöglichen, aus denen sie dann weite

Strecken im Gleitflug zurücklegen können. Die Mitflieger profitieren von den Entscheidungen der Leitstörche, haben aber häufig Schwierigkeiten, mit deren besseren Flugkünsten mitzuhalten. So müssen sie häufiger vom Segelflug in den aktiven und kräftezehrenden Schlagflug wechseln, damit haben sie höhere energetische Kosten und das wiederum beeinflusst auch die Zugdauer. Die Mitflieger beenden häufig ihre Reise bereits in Spanien, während die Leitstörche über die Meerenge von Gibraltar bis nach Westafrika weiterfliegen.

Während der letzten Eiszeit war der Weißstorch in Nordafrika und Kleinasien heimisch; mit dem Zurückweichen des Eises wandte er sich nordwärts und besiedelte Europa wie in einer Zangenbewegung vom Westen her über die Iberische Halbinsel und vom Osten über den Balkan. Doch Mitteleuropa war lange flächendeckend von Wäldern bedeckt, und erst mit größeren Rodungen im Mittelalter konnte der Weißstorch als Kulturfolger nach Norden vorstoßen. Hier, im heutigen Deutschland, trafen sich die beiden vorrückenden Populationen und bildeten eine imaginäre Grenze, eine Zugscheide, die in einem schrägen Bogen vom niederländischen IJsselmeer über Thüringen ins östliche Oberbayern führt. Da sich die Brutorte beider Populationen, der Westzieher und der Ostzieher, an dieser Nahtstelle immer wieder etwas überlappen, ist die Grenze eher als ein geografischer Korridor zu sehen und die Zugscheide in der Realität mehr ein Zugscheidenmischgebiet, das in seinen Ausmaßen dynamisch ist.

Auch mein Schreibtisch in W. steht auf jener fiktiven Grenze, die Störche auf der Salzkirche waren bisher immer Ostzieher, die unterhalb des Elbtores seit Jahren schon Westzieher. Damit spiegeln die Vögel auf den Dächern auch die unter ihnen wohnende Bevölkerung des Ortes wieder, die sich in ihrem Selbstverständnis häufig noch an den beiden Himmelsrichtungen orientiert, die Sonnenaufgang wie -untergang markieren.

Neben den beiden Hauptrouten über Gibraltar und den Bosporus führt auch eine dritte, direktere Route über das Mittelmeer, die heute nur noch marginale Bedeutung hat: Der Weg über Sizilien nach Tunesien und weiter nach Libyen. Möglicherweise war sie früher von größerer Bedeutung, aber, so Überlieferungen, im Jahr 1856 sollen durch eine wetterbedingte Katastrophe zahlreiche Störche über dem Meer umgekommen sein, und da zusätzlich im Süden Italiens und auch in Sizilien Störche gejagt wurden, verlor dieser Weg – wenn er je relevant war – an Bedeutung.

Nun werden immer wieder Sichtungen von Störchen auf Sardinien, Kreta, Zypern und Malta gemeldet, die aber eher Einzelfälle darstellen und – wie beim Versuchsstorch Nr. 14554 – meist aus unerfahrenen Tieren und Irrläufern bestehen. Für viele Vögel erweist sich dann die eingeschlagene Route als Sackgasse, und nach einem vergeblichen Versuch, das Meer zu überqueren, verzichten die Störche klugerweise auf die gefahrvolle Passage und überwintern auf einer der großen Inseln. Beim Schwarzstorch, der wie der Weißstorch seine afrikanischen Überwinterungsgebiete vorwiegend über Gibraltar beziehungsweise über den Bosporus und Israel anfliegt, spielt die mittlere Zugroute über Messina eine etwas größere, im Vergleich zu den beiden anderen Routen trotzdem noch untergeordnete Rolle. Auch er ist bevorzugt ein Thermiksegler, da er aber von etwas kleinerer Gestalt als der Weißstorch ist und seine Flügel somit schmaler und von geringerer Spannweite sind, scheint er für den kräftezehrenden Ruderflug zumindest für eine gewisse Zeitspanne besser ausgestattet zu sein als sein Vetter.

In einer aktuellen Studie wurde das Wanderverhalten von über 250 Weißstörchen aus Süddeutschland und Österreich beobachtet, die im Herbst über die westliche Flugroute von Europa nach Nordafrika zogen und im Frühjahr wieder in ihr Brutgebiet zurückkehrten. Das Besondere war, dass die telemetrisch übermittelten Daten über einen Zeitraum von sieben Jahren kontinuierlich gesammelt und ausgewertet wurden und so einen wichtigen Beitrag zur Life-History des Storches ergaben. Für die Jungstörche ist ihr erster Herbstzug von entscheidender Bedeutung, sie stehen unter einem erheblichen Selektionsdruck. Schon früh im Leben müssen sie lernen, mit ungünstigen Umweltbedingungen zurechtzukommen, wollen sie dem Drittel der überlebenden Erstzieher angehören. Zwei Wetterphänomene strapazieren ihre Kräfte besonders: fehlende oder schwache Thermik sowie starke Seitenwinde. Hier wählen die Jungvögel bei ihrem ersten Flug Routen, die etwas länger dauern, aber weniger Energie kosten; bei starker Winddrift zeigen sie daher eine geringere Streckentreue als ältere Vögel, die in ihrem Zug die Abdrift mit Kraft kompensieren und so Energie verbrauchen, dafür aber direktere Wege wählen. Damit scheint, so schlussfolgern die Autoren, die Fähigkeit, schwierige Flugbedingungen bewältigen zu können, ein früher Qualitätsfilter zu sein, bei dem nur geeignete Jungstörche überleben. Mit zunehmendem Alter begradigen dann die Störche schrittweise ihre Migrationsroute und erreichen, auch wenn das energetisch kostspieliger ist, im Frühjahr eher ihr Brutgebiet; das bietet ih-

Nicht zu Unrecht und auch nicht abwertend wird Karl Ewald Olszewski oft als ›Vogelmaler‹ bezeichnet; das Gemälde Ziehende Störche *aus dem Jahr 1910 beweist seine Meisterschaft als Genrekünstler.*

nen bei der Wahl von Nest und Partner enorme Vorteile und steigert letztlich den Fortpflanzungserfolg des Individuums. Voraussetzung für einen Erfolg dieser Wanderungsstrategie ist natürlich eine frühe Erkundung der topografischen Verhältnisse als junger Vogel, die im räumlichen Gedächtnis gespeichert und verarbeitet wird und später die Migrationsleistung steigert.

Junge wie alte Störche zeigen also ein hohes Maß an Verhaltensflexibilität; ein weiterer wichtiger Weg, um das Überleben zu ermöglichen, ist eine ›closer-to-home‹-Strategie. Hier überwintern die westziehenden Störche in Spanien, in Portugal oder noch in Nordafrika; die Reise ins südlich der Sahara gelegene Westafrika und die Überwinterung dort ist deutlich risikoreicher und wird so vermieden. Die klimatischen Bedingungen in der Sahelzone sind eher instabil, auch wenn die fatale Dürreperiode, die Mitte des 20. Jahrhunderts herrschte, ein Ende gefunden hat, und dazu hat der Jagddruck in dieser Region stark zugenommen. Erschreckende Daten zeigten, dass über 40 Prozent der Störche, die im westlichen Subsahara-Afrika überwintern, durch Jagd starben.

Ein großer Teil der Jungvögel verzichtet im Frühjahr auf den Heimflug ins Geburtsgebiet und verbleibt im Überwinterungsgebiet; möglicherweise ist die Erinnerung an die Strapazen des Hinflugs noch so lebendig, dass sich die jungen Störche – und das sind die wenigen, die überlebt haben – nicht sofort wieder den Gefahren eines weiteren Fluges aussetzen wollen, der überdies im Frühjahr oft unter ungünstigeren klimatischen Verhältnissen stattfindet. Dazu sind die Störche im ersten, meist auch im zweiten Lebensjahr noch nicht geschlechtsreif, es besteht also kein Druck, zur eigenen Reproduktion die nördlich gelegenen Brutgebiete anzusteuern. Die enormen Unterschiede der Zugstreckenlänge zwischen Ost- und Westziehern – bei Ersteren beträgt sie bis zu 10 000 Kilometer, bei Letzteren nur die Hälfte bis ein Drittel davon – schlägt sich auch in den unterschiedlichen Überlebensraten nieder; Ostzieher, besonders in den ersten Lebensjahren, leben deutlich gefährlicher. Neben fehlender Erfahrung und unterschiedlichem individuellen Kräftezustand sind auch die Umweltbedingungen auf dem Zug und die verfügbaren Nahrungsressourcen im Überwinterungsgebiet entscheidende Faktoren. Da Störche lernfähig sind, vermindern sie mit zunehmendem Lebensalter die zurückgelegten Zugstrecken (und damit auch die Letalität bei der Wanderung).

Etwa im zweiten Lebensjahr kehren die Jungstörche zumeist in die Brutgebiete ihrer Population zurück, fast nie aber an ihren Geburtsort. Noch immer sind nicht alle geschlechtsreif, beteiligen sich aber schon an Kämpfen um begehrte Nistplätze, und das kann, da sie häufig in Gruppen auftreten, zu ausgesprochen blutigen Auseinandersetzungen führen. Vor zwei Jahren etwa tauchte bei uns in W., gerade hatten die Altstörche ihr Brutgeschäft begonnen, eine Gruppe von Jungstörchen auf, denen sich wahrscheinlich unverpaarte Einzelindividuen angeschlossen hatten. Sie attackierten nun immer wieder ungestüm bereits besetzte Horste. Wir nannten sie Rowdys, und so benahmen sie sich auch, teilweise gar mit fatalen Folgen. Mein benachbartes und leider so beliebtes Nest auf der Salzkirche war derart häufig Ziel heftiger Angriffe, dass die brütenden Eltern bei der dauernden Abwehr dieser Attacken ihr eigentliches Geschäft vergaßen und es unglücklicherweise daher in jenem Jahr keinen Nachwuchs im Horst gab. Will eine Storchenpopulation die Anzahl ihrer Mitglieder konstant halten, so ist für jedes Nest ein jährliches Brutergebnis von zwei überlebenden Schlüpflingen ausgerechnet worden.

Einige Jungstörche aus dieser Rowdygang fanden und besetzten tatsächlich ein, zwei Nester, und die jungen Störche begannen, oder besser ausgedrückt: simulierten anfänglich ein Brutverhalten. Aber noch blieben diese Horste ohne Nachwuchs. Gewöhnlich werden Störche häufig schon im Alter von zwei Jahren geschlechtsreif, ohne aber jetzt schon für Nach-

Nicht selten kämpfen Störche recht aggressiv und ausdauernd um das Nistrecht und so nannte Théophile Schuler folgerichtig seine 1871 erschienene Illustration Ein Drama über den Dächern von Straßburg.

wuchs sorgen zu können. Das geschieht im Erstbrutalter, das (hier differieren die Beobachtungen) bei drei bis vier Jahren liegt; bei den westziehenden Störchen scheint die erfolgreiche Erstbrut früher aufzutreten als bei der Population der Ostzieher. Mit zunehmendem Alter, das heißt auch: mit wachsender Erfahrung, steigt dann der Bruterfolg und auch die Nesttreue – zumindest der männlichen Störche. Wenig ist über die Prinzipien ihrer Partnerwahl bekannt, sie erfolgt aber schnell und Beobachtungen lassen vermuten, dass bei den meisten Paaren der Altersunterschied nur wenige Jahre beträgt.

Haben sich beide Störche am Nest getroffen, kommt es hier ohne besonderes Zeremoniell in kurzer Zeit (das können auch mal nur wenige Minuten sein) zur ersten Kopulation, und es bleibt nicht bei einigen wenigen Befruchtungen. Weißstorchpaare kopulieren ausdauernd, häufig und intensiv – bis zu zweihundert Mal in den ersten Wochen.

Selten passt die populäre Umschreibung ›vögeln‹ für einen Geschlechtsverkehr so schön wie für die Paarung der Störche. Ihr fehlt jegliche Hast und Aggressivität, und jeder, der einmal eine Storchenhochzeit miterlebt hat, erinnert sich an ihre ganz eigene gelassene und schlichte Anmut. Meist umschreitet das Männchen ein- bis zweimal seine Partnerin und besteigt sie dann mit zwei, drei Flügelschlägen und hält sich mit seinen ausgebreiteten Schwingen, die sich zeitweise fast über seinem Kopf berühren, im Gleichgewicht. Mit leisem, fast zartem Klappern berühren sich beide an Kopf und Kehle, und dann, nachdem sich beider Kloaken getroffen haben, breitet er seine weiten Flügel einer schwarz-weißen Decke gleich über sie und das Nest. Nur hier, und nicht wie bei anderen Vögeln auf der

Erde oder einem Ast, findet der Ritus der Arterhaltung statt. Zumindest glaubte man das lange.

Molekulargenetische Untersuchungen von Storcheneiern haben jedoch ergeben, dass bei Ostziehern nur drei Viertel der Nestlinge eines Horstes Vollgeschwister waren, bei Westziehern gar nur zwei Drittel. Die restlichen Jungvögel waren Halbgeschwister oder sie wiesen überhaupt keine genetische Verwandtschaft auf. Wie es zu dieser überraschend hohen Zahl an Fremdvaterschaften kommt, ist noch Gegenstand von Diskussionen und weiteren Forschungen; immerhin haben in den letzten Jahren viele Untersuchungen das überraschende Resultat ergeben, dass bei mehr als 80 Prozent von Singvögeln, die in einer sozialen Monogamie leben, Paarungen außerhalb der Lebensgemeinschaft vorkommen.

Zumindest muss das Storchenweibchen in nicht wenigen Fällen entweder in Abwesenheit des sozialen Partners von einem fremden Storch begattet worden sein, oder außerhalb des Horstes, etwa bei der Nahrungssuche des Weibchens. Die fehlende Verwandtschaft eines Nestlings mit dem Brutpaar ist schwieriger zu erklären; möglich wäre ein sogenannter Brutparasitismus, dass also nach Vorbild des Kuckucks ein fremdes Weibchen ihr Ei ins Gelege eingeschmuggelt hat (hier fehlen bisher aber entsprechende Beobachtungen), oder dass nach einem gewaltsamen Besitzerwechsel eines Horstes das siegreiche Storchenpaar Eier seiner Vorgänger übernommen und ausgebrütet hat. Meist wird aber nach solch einem *unfriendly takeover* das Gelege des Vorgängerpaares zerstört; eine im Tierreich weitverbreitete Strategie, um vorzugsweise den eigenen Genen das Überleben zu sichern.

Apropos Strategien: Die heutige Biologie unterscheidet zwei grundsätzliche Fortpflanzungsstrategien, nämlich die r-Strategie, bei der die Reproduktionsrate der Nachkommen möglichst hoch ist, aber kaum oder keine elterliche Brutpflege stattfindet und neben einer hohen Vermehrungsrate eine kurze Lebensdauer kennzeichnend ist. Der Storch zählt hingegen, wie im Übrigen auch die meisten Säugetiere, zu den K-Strategen, die sich durch eine eher lange Lebensspanne und niedrige Zahl an Nachkommen auszeichnen, die sich jedoch einer ausgeprägten elterlichen Betreuung erfreuen. Die beiden Kennziffern r und K stammen aus einem mathematischen Modell, das die Besiedlung eines Ökosystems erklärt; dabei steht r für die maximale Wachstumsrate einer Population und K bezeichnet die Kapazitätsgrenze des umgebenden Ökosystems.

Eigentlich wäre für K-Strategen die Monogamie die ideale Form des Zusammenlebens, doch dass hier immer wieder Abweichungen vorliegen, hat seinen Grund in dem *sexual conflict*, der unterschiedlichen Interessenslage der beiden Geschlechtspartner. Das Weibchen produziert pro Saison und auch im gesamten Leben nur wenige Eier – das aber, da die Eier viele Nährstoffe enthalten, mit einem hohen materiellen Aufwand. Für die Befruchtung dieser wenigen Eier muss sich der künftige Muttervogel einen möglichst gesunden, parasitenfreien und kräftigen Partner suchen. Der produziert mit weit geringerem Aufwand eine ungleich höhere Anzahl von Spermien. Da auch er seine Gene in möglichst hoher Zahl weitergeben will, ist er bestrebt, die Spermien auf möglichst viele Weibchen zu verteilen und so das monogame Brutverhältnis durch Begattungen außerhalb des Paarbundes (*extra-pair-copulations,* kurz: EPC)

Ursprünglich bevorzugten Störche, wie 1546 von Hieronymus Bock in seinem Kreuter Buch *abgebildet, den Kronenbereich hochgewachsener Bäume als idealen Standort für ihre Horste.*

zu erweitern. Erst hier ergibt die hohe Kopulationsfrequenz der Störche Sinn: Die immer wieder aufs Neue eingebrachte Menge an eigenen Samenzellen soll den Erfolg möglicher Fremdspermien durch EPCs minimieren. Unklar ist immer noch der mögliche Selektionsvorteil solcher Seitensprünge für das Storchenweibchen. Würde sich der gewählte Partner als minderwertig erweisen, hätte dieses Verhalten einen offensichtlichen Sinn; so aber hat sich hier ein neuer zukünftiger Forschungsgegenstand erschlossen.

Eher selten, aber doch regelmäßig tauchen Meldungen von beobachteter Bigamie unter Störchen auf. Da hier meistens ein männlicher Storch zwei oder mehr Horste mit je einem Weibchen versorgt, müsste solch eine Ménage-à-trois oder à-quatre fachlich korrekt als Polygynie bezeichnet werden. Nachgewiesen werden kann so eine Dreierbeziehung nur dann, wenn die beteiligten Störche mit gut ablesbaren Kennringen markiert sind. Da das oft nicht der Fall ist, ist die Dunkelziffer möglicherweise weit höher. Dabei ist die Aufzucht von Storchennachwuchs auch immer mit hohem Engagement des väterlichen Altstorches verbunden, umso schwieriger daher seine Beteiligung an mehreren Brutorten. Passend dazu ist die Beobachtung eines Storches aus dem Brandenburgischen, der in zwei Ortschaften gleich an drei Horsten mit Nestbau und Kopulation beobachtet wurde. Seine polygyne Hybris aber zahlte sich nicht aus, sie führte im Gegenteil zu einem Misserfolg in Sachen Fortpflanzung: An einem Horst wurde er von einem anderen Männchen vertrieben, an einem zweiten Horst verließ er das brütende Weibchen, und an dem dritten Horst wurde das Gelege bei einem Nestkampf zweier Weibchen zerstört – trotz dreier Partnerinnen war dem Storchenmännchen also keine erfolgreiche Reproduktion gelungen. Im Jahr darauf korrigierte er sein Verhalten, verpaarte sich am alten Ort mit einer Partnerin und beide zogen erfolgreich drei Jungstörche auf. In populären Medien wird häufig und gerne von schwulen oder lesbischen Tierpaaren berichtet; so schrieb etwa das Reportagemagazin *GEO* recht kategorisch: »Tiere haben Spaß am Sex – in welcher Konstellation auch immer. [...] Nachweislich gibt es 1500 Tierarten, bei denen Homosexualität ausgelebt wird – unter ihnen sind Giraffen genauso wie Fische oder Maden. 500 davon sind sogar wissenschaftlich sehr gut dokumentiert«. Tatsächlich gibt es zahlreiche Beobachtungen, die ein solches Verhalten auch unter Störchen beschreiben.

So berichtete 2009 der Zoo der holländischen Stadt Overloon, dass von den dort vorhandenen zwölf Störchen die Hälfte gleichgeschlechtliche Neigungen offenbarte. Überraschenderweise kam es in einem der Nester auch zu einem Bruterfolg; die beiden männlichen Eltern mussten, in ihrem natürlichen Drang, Nachwuchs aufzuziehen, fremde, aber befruchtete Eier gestohlen haben – so zumindest die Erklärung der Zooleitung. Auch bei dem lesbischen Paar gab es Nachwuchs; hier muss eine Partnerin von einem männlichen Storch *extra-pair* befruchtet worden sein, oder, wie es reißerisch eine Zeitung berichtete, eine der Störchinnen habe »Samenraub« begangen.

Zu wenig wissen wir über die sexuellen Motive von Tieren, und so verwenden die Lebenswissenschaften eher den Ausdruck *same-sex behavior* bzw. *same-sex sexual behavior*, falls es zu gleichgeschlechtlichen sexuellen Handlungen kommt. Unter Ornithologen wird gleichgeschlechtliches Verhalten speziell bei Störchen auch heute noch oft eher auf Fehlprägungen oder Fehlverhalten zurückgeführt und nicht als natürliche Lebensform anerkannt. So wäre das verbindende Element bei ›homosexuellen‹ (wie ja auch bei ›heterosexuellen‹) Störchen die Liebe zum gleichen Nest und nicht etwa die Zuneigung zum Partner. Da überdies die Motive von Störchen bei der Partnerwahl ungeklärt sind, käme als Erstes eine Störung im Identifizieren des Partners als andersgeschlechtliches Wesen infrage.

Meist ist das *same-sex behavior* unter Störchen, so zahlreiche Beobachtungen, auch nur ein temporäres Phänomen. 2018 teilten im sachsen-anhaltinischen Storchendorf Loburg zwei männliche Störche – Magnus und Anton – ein Nest, und als ihnen ein befruchtetes und angebrütetes Ei unterlegt wurde, zogen auch sie das Pflegekind liebevoll auf. Im Jahr darauf allerdings zog Anton in einen Nachbarort um und begattete dort erfolgreich ein Storchenweibchen, und er zeugte auch in den Folgejahren fleißig Nachwuchs. Allenfalls hätte man also die beiden Störche als bisexuell bezeichnen können, aber auch während ihrer ›homosexuellen‹ Phase praktizierten sie kein gleichgeschlechtliches *sexual behavior*; sie zeigten ein enges, zärtliches Partnerverhalten, versuchten sich aber nicht in storchentypischer Weise zu begatten.

Jeder von uns weiß aus eigener Erfahrung, dass bei Menschen nicht jeder sexuelle Akt eine reproduktive Funktion hat. Das scheint auch für Tiere zu gelten, vor allem die, die in sozialen Verbänden leben, und damit praktiziert die Tierwelt eine weitaus größere sexuelle Vielfalt, als sich die etablierten Wissenschaftler bisher eingestehen mochten. Trotzdem ist die Gefahr groß, dass hier tierisches Verhalten mit Begriffen menschlicher sexueller Orientierung interpretiert wird, dass also auch Störche wieder einmal nur als Projektionsflächen dienen, die gesellschaftliche Diskurse widerspiegeln. Ihr als schwul oder lesbisch gedeutetes Verhalten wird auch als Argument für die Akzeptanz ebendieses Verhaltens bei Menschen genutzt.

Genauso sicher ist auch, dass Narrative über Störche immer gängigen kulturellen Normen entsprachen, die dann als ›natürlich‹ erklärt werden: Zweisamkeit, Heterosexualität, Treue, Fortpflanzung und fürsorglicher Familienverbund.

Da diese gesellschaftlichen Normen im Wandel sind, ändert sich auch der Blick auf das Verhalten der Tierwelt. Noch aber ist die Diskussion über die sexuelle Diversität bei Störchen mehr ein Thema für populäre Medien als ein ernsthaftes wissenschaftliches Forschungsfeld. Zusammengefasst scheint aber auch im Reich der Störche der einstige Werbespruch einer Automobilmarke zu gelten: Nichts ist unmöglich.

Seine weiteste Verbreitung hatte der Weißstorch Anfang des 19. Jahrhunderts, so Schätzungen, seine Zahl nahm danach leicht ab und um 1900 erreichte sie ein erneutes Bestandsmaximum. Damals begannen die ersten exakten Bestandserfassungen, zunächst regional, und 1934 erstmals für ganz Deutschland. Damals wurden für das Gebiet der heutigen Bundesrepublik etwa 9000 Storchenpaare gezählt. Dann aber kam es in vielen Verbreitungsgebieten West- und Mitteleuropas zu einem dramatischen Rückgang der Weißstorchbestände. Die Gründe waren vielfältig: In den afrikanischen Überwinterungsgebieten wiederholten sich lange Dürreperioden, dort hatte auch eine wirksamere Heuschreckenbekämpfung die Nahrungshabitate

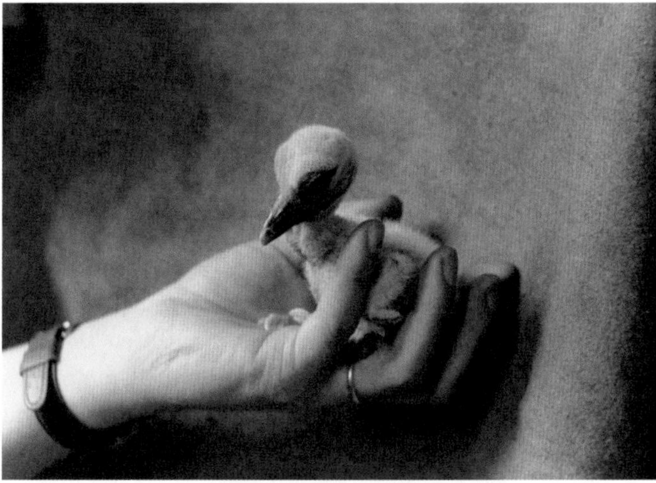

1956 fotografierte Thomas McAvoy im Elsass für das Life Magazine *einen frisch aus einem importierten Ei geschlüpften Jungstorch, der mit anderen Jungstörchen eine neue Population begründen sollte.*

vermindert. Ein Ausbau der Elektrifizierung in den Durchzugsgebieten führte zu Verlusten durch elektrische Leitungen, aber auch die heimischen Brutgebiete waren durch Intensivierung der Landwirtschaft, durch massenhaften Einsatz von Pestiziden und durch Trockenlegung von Feuchtgebieten – euphemistisch oft als Melioration, als Bodenverbesserung bezeichnet – verändert, für Störche also verschlechtert worden. In manchen Regionen wie etwa in der Schweiz verschlimmerte jahrelanges nasskaltes Wetter während der Brutzeit die Situation. Wurden dort im Jahr 1920 noch fünfzig Paare gezählt, so hatte sich 1949 der Bestand auf ein einziges brütendes Paar reduziert und im Folgejahr blieb auch das letzte Nest – es lag im Kanton Schaffhausen – verwaist: Der Weißstorch als Wildvogel war in der Schweiz ausgestorben.

Nun konnten einige wenige Naturschützer und Storchenenthusiasten nicht die zugrundeliegenden ökologischen Fehlentwicklungen rückgängig machen, und so entstand unter ihnen die Idee einer Wiederansiedlung von Störchen. Ein erster Versuch, unternommen mit zwanzig aus dem Elsass importierten Störchen, scheiterte kläglich; die Vögel – ab jetzt hießen sie ›Projektstörche‹ – wurden beringt, gefüttert und sollten sich mit gestutzten Flügeln in Gefangenschaft vermehren. Doch der Stress, in Käfigen gehalten zu werden, war wohl zu groß, es kam unter ihnen weder zu Paarbildungen, geschweige denn zu Eiablagen oder Brutversuchen.

In einem zweiten, ambitionierteren Versuch wurden bis 1961 knapp 300 Jungstörche, alle erst drei bis fünf Wochen alt, aus Algerien in Sondermaschinen der Air France nach Basel geflogen und in Altreu, im Kanton Solothurn, in ein großes Gehege verfrachtet. Aus Basel spendeten Chemiefirmen tonnenweise tote Labormäuse, dazu wurden Weißfische verfüttert, geangelt beim Wettfischen im Bieler See. Als aber im Herbst über 200 Störche für den Heimflug ins afrikanische Winterquartier entlassen wurden, kehrte kein einziger von ihnen je wieder nach Europa zurück – erneut ein deprimierendes Ergebnis. Daher mussten nun die verbliebenen Projektstörche bis zur Geschlechtsreife in Volieren verbleiben, wurden dabei wie in einer Storchenvollpension durchgefüttert und sollten sich noch vor ihrer Freilassung einen Partner erwählen. Tatsächlich gab es allmählich Bruterfolge; 1965 zählte Altreu zehn freifliegende Brutpaare, und so wurden zwischen Genfer See und dem Rheintal zusätzliche Außenstationen eingerichtet, die die langsam, aber stetig wachsende Zahl der aufgezogenen Störche aufnehmen und verbreiten konnten.

Die Projektstörche hatten allerdings ihr Zugverhalten verlernt, sie blieben auch im Winter in den Stationen, mussten dort weiter täglich gefüttert werden und waren vollständig von menschlicher Zuwendung abhängig geworden. Schlimmer noch, solche ihrer eigenen Natur entfremdeten Projektstörche wurden für andere Aussiedlungsprojekte weiterverkauft. Dieses Verhalten musste mit dem Wunsch, freilebende Storchenpopulationen zu fördern, kollidieren und wies auch auf ein fundamentales Dilemma hin, mit dem sich Naturschützer konfrontiert sehen: Bloße Liebe zur Natur, zur Kreatur allein reicht nicht aus, um sinnvoll in das komplex verknüpfte System unserer Umwelt einzugreifen.

Diese Einsicht setzte sich nicht ohne schwierige, teils verletzende Diskussionen durch, und 1995 einigten sich auf einer internationalen Konferenz in Rußheim bei Karlsruhe Storchenforscher auf eine geradezu revolutionäre Formel, die den Paradigmenwechsel dokumentierte: »Oberstes Ziel im Weißstorchschutz ist die Erhaltung bzw. Wiederansiedlung einer dauerhaft sich selbst erhaltenden Population, die alle Merkmale der wildlebenden Art aufweist.«

Danach handelten die Schweizer Storchenforscher konsequent. Die Gehege wurden abgerissen, die Zufütterung kontinuierlich reduziert, Storchenjunge nicht mehr unter Wärmelampen aufgepäppelt, kurz, alle Zucht- und Auswilderungsprojekte wurden beendet und die Störche sich selbst überlassen. Und damit kamen sie erstaunlich gut zurecht, sie fraßen nun Feld-

statt Labormäuse und ihre Zahl nahm weiter rasant zu; 2012 zählte man 325 Paare schweizweit, 2018 dann gar 515 Paare mit insgesamt 1096 Jungen.

Der dramatische Rückgang der westziehenden Störche betraf jedoch nicht nur die Schweiz, sondern alle Brutgebiete dieser Population. Das Elsass etwa galt lange Zeit als Storchenland par excellence. Dort war der Vogel zum Wahrzeichen der Region geworden, zahlreich waren Restaurants oder Weinstuben, die *la cigogne* in ihrem Namen trugen. 1974 aber wurden gerade noch neun nistende Paare gezählt, und im gleichen Jahr war der Storch aus den Nachbarländern Saarland und Rheinland-Pfalz verschwunden. Auch Baden-Württemberg hatte mit nur noch fünfzehn überlebenden Paaren einen historischen Tiefpunkt erreicht, das Gleiche galt für Nordrhein-Westfalen (drei Paare), und auch wenn in Niedersachsen noch gut 400 Paare nisteten, so hatte sich auch hier ihre Zahl binnen weniger Jahre halbiert. Damit aber war noch kein Ende erreicht, in den westlichen Bundesländern verminderte sich die Zahl der bebrüteten Storchennester bis etwa 1990 noch einmal um 40 Prozent. Deutschland war damals zweigeteilt, nicht nur politisch, sondern auch durch seine unterschiedlichen Storchenpopulationen. Während die westdeutschen Störche überwiegend Westzieher waren, zogen die in der DDR nistenden Störche über die Ostroute nach Afrika – ihre Zahl war nur moderat gesunken.

Der alarmierende Niedergang der Storchenzahl und vor allem die Weiterberechnung des Trends für die kommenden Jahre musste die Befürchtung bestärken, dass ohne eine Gegensteuerung in wenigen Jahren der Storch aus ganz Westeuropa verschwunden sein könnte. Um zumindest einen minimalen

Bestand zu sichern, wurden in vielen Ländern ähnlich wie in der Schweiz Störche importiert, in Gehegen gehalten und dann ›wiedereingebürgert‹. Den Anfang machte das Elsass, hier kamen die Projektstörche aus Marokko, dann wurden Jungstörche aus Algerien importiert – auch von ihnen kehrte nur einer aus der Überwinterung zurück. Schließlich startete der Straßburger Zoo ein ambitioniertes Zuchtprogramm, bei dem in Gefangenschaft gehaltenen Storchenpaaren das Erstgelege entnommen und künstlich ausgebrütet wurde. Immerhin konnten so in den ersten fünfzehn Jahren fast vierhundert Störche herangezogen werden, die dann ausgewildert, aber weiter durch Zufütterung betreut wurden; bei Schlechtwettereinbrüchen wurden die Jungstörche temporär aus den Nestern entnommen und bis zur Wetterbesserung in Zuchtgehegen mit Wärmelampen versorgt.

Nach Vorbild der Schweizer und Elsässer Projekte wurde auch in westdeutschen Bundesländern, vor allem im Südwesten, bestandssichernde Maßnahmen unternommen und Ansiedlungsprojekte gestartet. Hier war das Ziel, eine »sich selbst reproduzierende« Weißstorchpopulation aufzubauen, die wesentliche biologische Merkmale ihrer Vorgänger wie das Zugverhalten aufweisen sollte. Auch diesmal mussten zunächst Jungstörche importiert werden; einige stammten aus Ostpolen, andere hatte der Stuttgarter Zoo Wilhelma spendiert, und auch die Schweizer Wiederansiedlungsprojekte hatten ihre süddeutschen Nachbarn unterstützt. Aufzucht und Auswilderung sollten aber in naturbelassenen Gegenden mit Feuchtwiesen oder Graslandschaften stattfinden, oder zumindest in deren Nähe. Dazu wurden in einer Art Doppelstrategie zumindest punktuell biotopverbessernde Schritte durchgeführt: Wiesen wurden feucht gehalten, Äcker in Grünland umgewandelt und Naturschutzgebiete eingerichtet – Maßnahmen, die auch anderen Tier- und Pflanzenarten zugutekamen. Nach anfänglichen Rückschlägen – viele der ausgewilderten Störche starben durch Unfälle oder wurden Beute von Fressfeinden – stabilisierte sich schließlich die brütende Storchenschar, nahm dann erfreulicherweise zu, und mit Beginn der Jahrtausendwende explodierte die Zahl der Westzieher geradezu. Glaubte man anfangs, der Zuwachs wäre Ergebnis von all den geglückten Wiederansiedlungsprojekten, so zeigte sich, dass auch hier weniger die Zustände im Brutgebiet als die Verhältnisse im Überwinterungsgebiet und den Durchzugsgebieten die Zahl einer Population bestimmen.

Mit Beginn der 1990er-Jahre fiel endlich in der Sahelzone mehr Regen, ein Trend, der bis heute anhält und so das Nahrungsangebot für die überwinternden Störche verbessert hat, die dann gestärkt die anstrengende Heimreise über die Straße von Gibraltar bewältigen können. Weit wichtiger aber war, dass sich im Norden der Meerenge ebenfalls fundamentale und für Störche positive Entwicklungen einstellten. Denn in Spanien und Portugal wuchs der Wohlstand und mit ihm die Müllhalden; immer mehr organischer Abfall mischte sich unter die unbrauchbaren Hinterlassenschaften menschlicher Zivilisation, und beides gelangte – und das geschieht auch heute noch – auf offene Mülldeponien. Für die Störche entpuppten sich diese Orte als ein Glücksfall, als riesige und bequeme All-you-can-eat-Buffets. Da Lebensmittelreste auch immer andere Tiere anlocken, etwa Ratten und Mäuse, erweiterten diese Kleinsäuger das Speisenangebot der Störche. Und da die Mülldeponien das ganze Jahr über für Nahrung sorgten, entfiel für viele Störche das Bedürfnis, im Norden oder in der Mitte Afrikas zu überwintern. Überdies verzichteten viele, die einmal die anstrengende Überquerung der Straße von Gibraltar überlebt hatten, auf eine Wiederholung des gefahrvollen Abenteuers, blieben vor Ort und erwählten ihr Brutgebiet zum Überwinterungsgebiet; der Zug nach Afrika wird heute meist nur noch von ahnungslosen Jungstörchen unternommen, bei denen die genetische Orientierung noch nicht von eigener Erfahrung überlagert ist.

Neben den offenen Mülldeponien ergaben sich für die Störche weitere Anreize, die Iberische Halbinsel zu besiedeln. Im Jahr 1973 wurde ein etwa 12 Zentimeter großes Wassertier, der Rote Amerikanische Sumpfkrebs, aus seiner Heimat Louisiana nach Spanien importiert, um dort eine Krebsfleischproduktion zu begründen. Der Sumpfkrebs begnügte sich aber nicht mit seiner Haltung in Zuchtanlagen, sondern entkam. Da er amphibische Lebensräume bevorzugt, die periodisch trockenfallen, boten ihm als aggressiv-invasiver Art die Reisfelder Spaniens und ihre Bewässerungsgräben ideale Lebensbedingungen. Hier entdeckten ihn die Störche als Delikatesse, die vielen sogar besser mundet als der Mischmüll der Deponien, und so erhöhte der Sumpfkrebs in den Reisfeldern am Guadalquivir oder des Ebros die Attraktivität Spaniens als Storchenheimat. Inzwischen leben in Spanien weit über 30 000 Brutpaare, möglicherweise schon mehr als in Polen, das bisher ein Viertel der Weltpopulation an Weißstörchen zählte. Auch Portugal profitierte von dem Storchenreichtum, hier stieg ihre Zahl innerhalb von nur zwanzig Jahren von 1000 Exemplaren im Jahr 1995 auf 14 000 im Jahr 2015.

Die Anwesenheit von Störchen signalisiert uns intakte, abwechslungs- und artenreiche Landschaften mit natürlichen Wiesen, Feuchtgebieten und nachhaltiger landwirtschaftlicher Nutzung.

In dieser Sommerlandschaft aus Vejle mit drei Störchen *von P. C. Skovgaard aus dem Jahr 1854 grasen sie einträchtig mit den Pferden.*

Durch die Aufwertung der Iberischen Halbinsel als Storchenparadies wurde für die deutschen Westzieher der Zug hin zu den spanischen Müllhalden anstelle von Afrika als Überwinterungsgebiet weit kürzer und weniger gefahrvoll, und so vervielfachte sich auch ihre Zahl erfreulich, ja geradezu dramatisch. Gebiete, in denen nur wenige Jahre zuvor unter großen Anstrengungen Ansiedlungsprojekte mit eher bescheidenen Ergebnissen unternommen worden waren, erlebten nun eine wahre Storcheninvasion. Damit verschob sich das Verhältnis zwischen West- und Ostziehern und so auch zwischen der Storchendichte in den einzelnen Bundesländern entscheidend. Noch 1984 brüteten 80 Prozent des deutschen Weißstorchbestandes im Osten, 2014 dann nur noch etwas mehr als 50 Prozent. Eine letzte Zählung fand 2022 statt; Kennziffer war die Zahl der Horstpaare, die während der Brutzeit bis Mitte Juni mindestens vier Wochen lang am Nest anwesend waren. Demnach nisteten in diesem Jahr in den östlichen Bundesländern 3104 Paare, in den westlichen aber 7454 Paare. Spitzenreiter war Baden-Württemberg mit 1862 Horstpaaren, an zweiter Stelle rangierte Niedersachsen mit 1697 Paaren, und Brandenburg, lange Jahre unangefochtener Spitzenreiter, landete mit 1273 nistenden Paaren auf dem dritten Platz. Werden noch all die Störche mitgezählt, die in Zoologischen Gärten oder ähnlichen Einrichtungen nisten und zugefüttert wurden, ergibt sich für 2022 eine Gesamtzählung von 11153 Horstpaaren, die in Deutschland brüteten. Und addiert man weiters alle Jungstörche und Einzelgänger zu den Horstpaaren hinzu, ergibt sich für das Frühjahr 2024, so der *Spiegel*, die erstaunliche Zahl von 30000 Störchen, die sich in Deutschland aufhalten. Innerhalb von zehn Jahren hat sich die Zahl der wildlebenden Störche also annähernd verdoppelt (2011: 4883 Paare, 2021: 9582 Paare, 2022: 10 558 Paare).

Der Zuwachs bleibt nicht ohne Folgen, denn auch in Süddeutschland sind die Nahrungshabitate für Störche begrenzt. Eine höhere Besiedlungsdichte schafft vor allem während der Brutzeit zunehmend Konkurrenzsituationen, und irgendwann ist eine Kapazitätsgrenze und eine maximale Populationsgröße erreicht. Dann müssen gerade Jungstörche in neue Gebiete mit ausreichenden Ressourcen an Nahrung und Nistplätzen ausweichen – kurz, die Zugscheide zwischen West- und Ostziehern wird sich weiter Richtung Osten verschieben.

Neben dem Wachstum der Storchenzahl ist in den letzten Jahren ein weiteres Phänomen offensichtlich geworden: Immer mehr Störche verzichten auf ihren Zug in südlichere Gefilde und überwintern in Deutschland. Nun war für einen Flug in die Winterquartiere nie das dort wärmere Klima entscheidend, sondern das fehlende Nahrungsangebot in den heimischen Brutgebieten. Erwachsene Störche können durch ihr Federkleid unabhängig von der Umgebung die Temperatur des eigenen Körpers konstant halten und das durch ihre Größe auch viel besser als kleinere Vögel. Das Überwintern im Brutgebiet – vorausgesetzt, dass keine dramatischen Wettereinbrüche wie Hagelstürme stattfinden – bietet dann auch nur Vorteile: Keine Verluste mehr auf den weiten und lebensgefährlichen Zugrouten, die im Frühjahr fast freie Wahl des Nistplatzes, anschließend frühe Brut und schließlich kräftiger Nachwuchs. Im Winter 2022/2023 rief der NABU seine Mitglieder zu einer Storchenzählung auf, da wurden immerhin etwa 1500 Störche in Deutschland gezählt, die auf einen Zug in den Süden verzichtet hatten.

Noch ist strittig, was die Störche dazu bewegt hat – der wärmere und damit fast schneefreie Winter oder die große Zahl der ehemaligen Zucht- und Projektstörche, die einst in Wiederansiedlungsprogrammen an Wanderungen gehindert wurden und die Erfahrungen ihrer Prägung weitergegeben hätten. Beides wird eine Rolle spielen und noch von einem dritten Faktor verstärkt: Auch in Deutschland entdecken die Störche zunehmend den Vorteil offener Deponien, die auch im Winter mit immer neuem Biomüll bestückt werden.

Unsere Vorstellung vom Leben der Weißstörche ist vom unmittelbaren Erleben bestimmt. Demnach ist das Lebenszentrum des Storches sein gut sichtbarer Horst: Dort kommt er auf die Welt, dort paart er sich, dort gönnt er sich Ruhe und dorthin kehrt er jeden Abend wie auch im Folgejahr zurück. Doch das ist nur die halbe Wahrheit, denn die zweite Hälfte seines Lebens vagabundiert er durch andere Länder und zieht in den Süden, nach Spanien oder Afrika. Und sein Leben dort ist mir und uns hier in W. so verborgen wie die Rückseite des Mondes, immer nur kennen wir seine mitteleuropäische Existenz.

Die Menschen in den Regionen Afrikas, in denen der Storch überwintert, haben hingegen eine ganz andere Wahrnehmung: Mal ist er für sie ein Herdentier, das zu Hunderten auftritt und eine leichte Jagdbeute darstellt, vielleicht auch ein Vielfraß und Schädling, dann wiederum, wenn eine Heuschreckenplage Felder verwüstet, wird er zum willkommenen Helfer im Kampf gegen die Plage. Nie aber lernen sie ihn als das fürsorgliche Wesen kennen, das mit Hingabe und mit Sorgfalt seinen Nachwuchs aufzieht und verteidigt.

Im Hof der Eyüp-Sultan Moschee in Istanbul rastet, fotografiert 1966 von dem schwedischen Weltenbummler Arvid Ek, ein Storch auf seiner strapazenreichen Reise nach Afrika.

In *Boten des Wandels* berichtet der Biologe Holger Schulz, der auf zahlreichen und oft auch abenteuerlichen Forschungsreisen den wandernden Weißstörchen nachgefolgt ist, etwa Folgendes aus Israel:

> *Aufmerksam beobachtet Ariel den Himmel: »Wir haben sie«, ruft er, zeigt nach rechts und zieht den Motorsegler in eine Kurve. Weit entfernt erscheinen ein paar weiße Punkte. Das sollen Störche sein?*

Der Mann muss Adleraugen haben. Schnell kommen wir näher und dann kann auch ich sie erkennen: weit über 1000 Vögel sind es, die sich dort von der Thermik in die Höhe schrauben. Mit ausgebreiteten Flügeln, bewegungslos, getragen nur von der Kraft der aufsteigenden Luft.

Oder aus Spanien:

Tote Störche unter jedem Mast, und Masten gibt es hier ohne Ende. Mittelspannungsmasten, mit extrem kurzen, waagrechten oder hängenden Isolatoren, die für jeden größeren Vogel eine tödliche Gefahr darstellen. Nur wenige tote Störche liegen unter den Leitungen abseits der Masten. Sie sind durch Kollisionen mit den Leiterseilen zu Tode gekommen. Ein Großteil der Opfer ist ohnehin nicht mehr aufzufinden. Die Felder, über die die Leitung verläuft, wurden erst vor kurzem gepflügt. Ein Bauer erzählt uns, dass tote Störche einfach untergepflügt werden. »Es sind so viele, was sollen wir machen?«

Und schließlich aus Südafrika:

Dort, wo Wanderheuschrecken auftreten, versammeln sich Berichten zufolge immer auch riesige Weißstorchtrupps. In der gesamten Karroo sollen sich im Heuschreckenjahr 1959 etwa 80 000 Weißstörche eingefunden haben. Und auf einer einzigen Farm in der mittleren Kapprovinz wurden bei einer Heuschreckenplage im Jahr 1964 etwa 20 000 Weißstörche gezählt. Die Störche, aber auch viele andere Vögel ernähren sich dann ausschließlich von den Heuschrecken. In den Mägen und Hälsen tot aufgefundener Vögel wurden im Durchschnitt 900 Individuen, in einem Tier sogar mehr als 1400 gefunden.

Franz von Assisi redete Vögel als seine Brüder und Schwestern an; er predigte ihnen und aufmerksam lauschte auch der Storch seinen Worten, wie Matthäus von Paris in seiner Chronica maiora *um 1250 zeigte.*

Vor zwei, drei Jahren ging ich über die Wiesen hinter dem Deich und zählte vierzehn Störche, die als lockere Gruppe den Boden nach Nahrung durchsuchten. In diesem Augenblick hätte ich gerne die Gabe des Franz von Assisi besessen, der sich mit Vögeln unterhalten konnte und sie als seine Brüder und Schwestern ansprach. Zu ihnen zählte er auch, wie eine mittelalterliche Illustration zeigt, den Storch. Ich würde sie dann über ihre weiten Reisen ausfragen, über ihr Leben im Jordantal, an den Ufern des Nils, würde ihnen gebannt zuhören, wenn sie von ihren weiten Flügen erzählten, der Freude, von einer Thermik in die Höhe geschraubt zu werden, dem Elend einer Meeresüberquerung, von der Weite der Sahara und der Kurzgrassavannen im Osten und wie sie sich in den Luzernenfeldern Südafrikas fast bewusstlos fraßen. Doch ich besitze diese Gabe nicht und bin daher auf Bücher angewiesen, um mein halbes Wissen zu einem Ganzen zu mehren.

Vom Glück, ein Storch gewesen zu sein

Ich kannte den Storch schon lange, bevor ich den ersten mit eigenen Augen sah. In vielen Bilderbüchern war er präsent, und bereits im Kindergarten hatte uns Schwester Gutlinde die Grundbedingungen menschlicher Vermehrung eingebläut. Dafür sollten wir Zuckerstücke aufs Fensterbrett legen und dann je nach Geschlecht des ersehnten Geschwisterchens laut in den Himmel rufen: Storch, Storch, Guter, bring mir einen Bruder! Oder: Storch, Storch, Bester, bring mir eine Schwester! Nun gab es bei uns in Bayern gar keine Störche, trotzdem kamen dauernd Kinder auf die Welt und neue Geschwister in meiner Familie an. Da kindlicher Verstand in keiner Weise weniger klarsichtig als der von Erwachsenen ist, wusste ich schnell, dass uns hier Märchen erzählt wurden. Doch das störte nicht, und heute kommen mir diese Kinderverse vor wie ein Nachklang uralter Zaubersprüche, mit denen der Götterbote Storch, selbst ein unerschöpfliches Vorbild für Eheglück und Fruchtbarkeit, um Kindersegen angefleht wurde.

Unvergessen ist mir auch, wie wir zu einem Lied – der Text stammte von Hoffmann von Fallersleben und wir lernten ihn schnell auswendig – mit beiden Armen das Klappern der Störche imitieren durften. Dabei verwechselten wir gelegentlich den Kopf eines anderen Kindes schnappedischnapp mit dem eines Frosches: »Auf unsrer Wiese gehet was, watet durch die Sümpfe. / Es hat ein schwarz-weiß Röcklein an und trägt rote

Zu den bekanntesten Illustratoren von Wilhelm Hauffs Kunstmärchen Kalif Storch *gehört Josef Hegenbarth, der zu Beginn der 1940er-Jahre die Erzählung gar in zwei Varianten bebildert hatte.*

Strümpfe. / Fängt die Frösche, schnapp, schnapp, schnapp. / Klappert lustig, klapperdiklapp. Wer kann das erraten?« Dazu versuchten wir, obwohl keiner je einen Storch leibhaftig gesehen hatte, seinen stelzenden Gang nachzuahmen. In diesem Alter ist die Grenze zwischen der Welt der Menschen und der Tiere noch durchlässig; auch heute lieben es Kinder, spielerisch in die Gestalt von Tieren zu schlüpfen.

Die Fähigkeit zur Gestaltwandlung ist einer der archaischen Mythen der Menschheit und verbindet, da weltweit verbreitet, unsere unterschiedlichsten Kulturen. Zeus konnte je nach Bedarf die Gestalt eines Schwans, eines Stiers oder eines Adlers wählen, eine Gabe, die auch sein nordischer Gegenpart Odin besaß. Dementsprechend ist auch die Märchenwelt voller Verwandlungen von Mensch zu Tier, hier aber weit häufiger in Form von Fremdverwandlungen. Da werden sieben Brüder zu Raben oder Schwänen, ein Schwesterchen zum Reh und ein Königssohn zum Frosch. Der Storch spielt in Märchen eher eine sporadische Rolle; diesem Manko hat Wilhelm Hauff mit seinem populären Kunstmärchen *Kalif Storch* abgeholfen. Der Kalif Chasid kauft einem Krämer ein Pulver ab, das ihn in ein Tier verwandeln kann, und so wird er aus Neugierde zusammen mit seinem Großwesir ein Storch:

> *Da schrumpften ihre Beine ein und wurden dünn und rot, die schönen gelben Pantoffel des Kalifen und seines Begleiters wurden unförmliche Storchfüße, die Arme wurden zu Flügeln, der Hals fuhr aus den Achseln und ward eine Elle lang, der Bart war verschwunden und den Körper bedeckten weiche Federn. »Ihr habt einen hübschen Schnabel, Herr Großwesir«, sprach nach langem*

Erstaunen der Kalif. »Beim Bart des Propheten, so etwas habe ich in meinem Leben nicht gesehen.«

Doch dann vergessen beide das für eine Rückverwandlung nötige Zauberwort, und der Kalif Storch muss vom Dach seines Palastes miterleben, wie Mirza, Sohn seines Todfeindes Kaschnur, zum neuen Kalifen ausgerufen wird. Zum Glück lernen sie Lusa kennen, Tochter des Königs aus Indien, die einst in eine hässliche Eule verwandelt wurde. Mit ihrer Hilfe erfahren sie das vergessene Zauberwort. Als sich die Störche nach Osten wenden, rufen sie dreimal laut »Mutabor!« und erhalten so wieder ihre Menschengestalt und liegen sich erfreut wieder in den Armen.

Wer beschreibt aber ihr Erstaunen, als sie sich umsahen? Eine schöne Dame, herrlich geschmückt, stand vor ihnen. Lächelnd gab sie dem Kalifen die Hand: »Erkennt Ihr Eure Nachteule nicht mehr?«, sagte sie. Sie war es; der Kalif war von ihrer Schönheit und Anmut so entzückt, dass er ausrief: Es sei sein größtes Glück, dass er Storch geworden sei.

Lusa und der Kalif heiraten, leben lange und vergnügt miteinander, und so waren es für sie die schönsten Stunden, wenn der Großwesir nachmittags zu Besuch kam; »da sprachen sie dann oft von ihrem Storchenabenteuer, und wenn der Kalif recht heiter war, ließ er sich herab, den Großwesir nachzuahmen, wie er als Storch aussah. Er stieg dann ernsthaft mit steifen Füßen im Zimmer auf und ab, klapperte, wedelte mit den Armen, wie mit Flügeln« – wie wir es und nach uns Abertausende von Kindern ebenfalls getan hatten.

Wenn im Sommer die Fenster geöffnet sind, der Ort auch tagsüber schläft und nur nebenan vom Horst Storchengeklap-

Da Störche fast stumm sind, verständigen sie sich mit einem Klappern ihrer Schnabelhälften – sei es bei der Begrüßung des Partners, als Vorspiel für die Paarung oder bei der Verteidigung des Nestes.

per in den Raum schwebt, ist mir wohlig zumute – die Töne, eigentlich nur platte, sonore Geräusche, lassen Erinnerungen an eine vergangene kindliche Gefühlswelt anklingen. Ich freue mich dann über meine Nachbarn und weiß gleichzeitig, im Winter werden sie uns allen hier fehlen. Was für mich als gleichförmiges Geklapper erscheint – Goethe nannte es gar »verdrießlich anzuhören« –, wird von Ornithologen je nach sozialem Kontext differenziert: So gibt es zwischen den Partnern ein Begrüßungsklappern und als Steigerung auch ein Kopulationsklappern; wenn sich jedoch Artgenossen dem Horst nähern, werden sie mit einem Abwehrklappern empfangen. Da den Störchen der bei anderen Vögeln vorhandene untere Kehlkopf fehlt, sind sie fast stumm; allenfalls gelingen ihnen kurze Ächz- und Zischlaute. Jungstörche sind da noch etwas variabler, sie verfügen neben einem Zischen auch über Bettelrufe in Form langgezogenen Jaulens oder Miauens; wenn dann die Eltern mit Nahrung angeflogen kommen, klingt es aus dem Nest, wie wenn sich dort Schlangen mit Katzen balgen.

So wunderbar die Zeit der Störche hier in W. ist – sie bedeutet ja Sonne, Wärme, Grün, Leben und lange Tage –, so öde sind oft die dunklen, kalten und nassen Winterwochen. Weit schlimmer noch zu ertragen war diese Zeit vor zwei-, dreihundert Jahren. Damals wurde hier die Ankunft des ersten Storches bejubelt und beklatscht, die Leidenszeit des Winters hatte endlich ein Ende. Das empfand sicher auch Johann Winckelmann, der 1743, da war er gerade 25 Jahre alt, im nahen S. eine Anstellung als Konrektor der dortigen Lateinschule erhielt. Bis 1748 unterrichtete er Griechisch, Latein und Hebräisch, dazu Geschichte, Geografie und Logik. Er empfand aber die Arbeit als »Märterey«, als demütigenden Sklavendienst, und konnte auch in späteren Erinnerungen seiner altmärkischen Heimat nichts abgewinnen: »Ich gedenke mit Schaudern an dieses Land.«

Einziger Lichtblick in diesen dunklen Jahren war seine Freundschaft mit Gottlob Burchard Genzmer und Samuel Buchholtz, der hier in W. ebenfalls Konrektor war. Regelmäßig traf sich das Trio, auch in der alten Schule am Kirchplatz, zum Gedankenaustausch. Genzmer, inzwischen vom Havelberger Lehrer zum Prinzenerzieher des Hauses Mecklenburg-Strelitz

Frederick Winthers Landschaft mit Störchen am Rande eines Sumpfes *(1891) zeigt eine verlorene Idylle – Störche sind in Dänemark wegen des Verlustes ihres Habitats kaum mehr anzutreffen.*

avanciert, hatte sich dort kurzerhand unerlaubt einen Band mit Abbildungen klassischer Kunstwerke entliehen, und begeistert blätterte Winckelmann in dem Folianten. Besonders angetan hatte es ihm das Abbild »einer liegenden nackenden Frau aus dem Palais Borghese in Rom«, das ihm »nicht gekünstelt, sondern der Natur vollkommen nahe zu kommen schien«. Die *Nymphe à la coquille* und all die anderen wunderbaren Bilder verstärkten das Sehnen in seiner Brust nach Arkadien.

Störche, so meine Fiktion, waren ihm liebe Boten aus südlichen Ländern, in denen Zitronen blühn und die Myrte still

1988 war der Weißstorch in Bayern – hier abgebildet in der Fauna Boica oder gemeinnützige Naturgeschichte der Tiere Bayerns – *eine gefährdete Art; heute nisten im Freistaat wieder mehr als 1200 Paare.*

und hoch der Lorbeer steht. Bestimmt wusste Winckelmann vom guten Ruf des Storches in der antiken Welt. Im Herbst, als sie sich auf den Hausdächern von S. und W. sammelten und gen Süden zogen, wurde ihm das Herz gleich schwer und sein sehnlichster Wunsch war es – und er wiederholte ihn wohl Tag für Tag –, ihnen zu folgen.

In Fabeln und erbaulichen Legenden und in Niederdeutschland immer noch umgangssprachlich gebräuchlich wird der Storch auch gerne ›Adebar‹ oder ›Meister Adebar‹ genannt, ein uralter Name, der sich vom Germanischen *odobaro*, *odebero* oder *udebero* herleitet und oft als ›Segenbringer‹ oder ›Glücksträger‹ gedeutet wurde. Doch schon Jacob Grimm misstraute in seiner *Deutschen Mythologie* dieser etymologischen Erklärung und meinte, »sein dichterischer Name muß ins Heidenthum zurückreichen, widerstrebt aber noch den Deutungen«. Eine neuere Deutung ist da prosaischer, dafür realitäts- und somit naturnaher, ihr zufolge lässt sich die alte Bezeichnung Adebar ganz einfach als ›Sumpfgänger‹ verstehen.

Theodor Fontane wird Jacob Grimms Zweifel an der Namensdeutung geteilt haben, denn in dem Charakter des uckermärkischen Junkers Storch von Adebar, Protagonist eines namensgleichen Romanfragments, hatte er alles andere als einen Glücksträger skizziert, sondern ihn eher als Abgesang auf die alte, ambivalent empfundene preußische Landadelsherrlichkeit geplant. »Alles ist doch schließlich Eitelkeit, Dünkel, Aufgeblasenheit. Wichtigtuerei« – so beschrieb er den braven, aber kraftlosen Adligen, der sich an den formalen Status eines uralten Geschlechtes klammerte, ohne es aber inhaltlich und charakterlich ausfüllen und repräsentieren zu können. In dessen Person wollte Fontane den »pietistischen Conservatismus, den Fr. W. IV. aufbrachte [...], in seiner Unächtheit, Unbrauchbarkeit und Schädlichkeit« zeichnen, und so charakterisierte er das Projekt als eine »politische Novelle«. Zur Herkunft des Namens der Adelsfamilie notierte er:

> *Sie wären in Urzeiten mit den Störchen ins Land gekommen. Die meisten Störche hätten ihr Wanderleben, ihr Hin und Her zwischen Afrika und Brüssow fortgesetzt, ein Paar aber sei sesshaft geworden, habe sich unter den Regierungen guter Fürsten immer mehr entwickelt, sei vor allem zuerst zum Christentum übergetreten und habe, seitdem der Adel aufkam, über den es historisch weit hinausragte, den Namen Storch von Adebar angenommen.*

Mit dieser tautologischen Namensdoppelung betonte Fontane bewusst und nicht ohne spöttischen Unterton die offenkundig gewordene Diskrepanz zwischen Anspruch und Wirklichkeit des Adels, einst wie das namensgleiche Tier Verkörperung der klassischen *Pietas*, des Pflichtbewusstseins, der Mäßigung und frommen Bescheidenheit, die nun zu einer hohlen Fassade verkommen war. »Mit dem Storch steht es schlecht«, schrieb 1882 Fontane in einem Brief an den Redakteur Julius Grosser, meinte aber nicht den Vogel, sondern sein Manuskript, »in Substanz ist er da, aber die Substanz ruht noch im Ei, und wird noch lange ruhn.« Das Ei wurde unglücklicherweise nie ausgebrütet. Immerhin konnte Fontane manches, was er recherchiert und notiert hatte, in späteren Werken verwenden.

Die heute gängigste Fabel vom Storch ist seine Rolle bei der Arterhaltung des menschlichen Geschlechts: Er bringt die neugeborenen Kinder und sorgt so für unseren Nachwuchs und das Überleben der menschlichen Spezies. Auch muss die vorgebliche Herkunft des Tätigkeitsmerkmals aus dem sogenannten Volksglauben korrigiert werden; die natürlichen Vorgänge um Zeugung und Geburt waren den Menschen auch in prähistorischen Zeiten bestens bekannt und bedurften keiner erklärenden Umschreibung. Nur die Sprachstörung der aufkommenden bürgerlichen Gesellschaft des 19. Jahrhunderts in sexuellen Dingen musste fragenden Kindern eine verschämte und verlogene Antwort geben, und da wurde der Hinweis auf die mythenbeladene Figur des Klapperstorches zu einem beliebten Ersatz für eine sexuelle Aufklärung.

Schon Jahre vorher, 1774, wies Matthias Claudius in dem Gedicht *Das Kind, als der Storch ein neues bringen sollte, für sich allein* auf die arterhaltende Funktion des beliebten Vogels hin: »Der Storch bringt nun ein Brüderlein – / Er kommt damit ins Fenster herein / Und beißt Mama ein Loch ins Bein, / Das ist so seine Art. – – –«. Der Storch aber transportiert die Kinder nur, er ist nicht ihr Schöpfer. Hans Christian Andersen hat in dem Märchen *Die Störche*, erschienen im Herbst 1836, den Ort ihrer wahren Herkunft benannt. Die Vögel wissen eben,

> *wo der Teich ist, in dem alle die kleinen Menschenkinder liegen, bis der Storch kommt und sie den Eltern bringt. Die niedlichen kleinen Kinder schlafen und träumen so lieblich, wie sie später nie mehr träumen. Alle Eltern wollen gerne solch ein kleines Kind haben, und alle Kinder wollen eine Schwester oder einen Bruder haben.*

Andersens Geschichte ist ein Kunstmärchen, übernimmt aber – wie die Gattung überhaupt – auch Motive aus altem Volksglauben und vorchristlicher Mythologie. Hier vereinigen sich zwei

Obwohl der Weißstorch in Nordamerika gar nicht vorkommt, gilt er auch dort, wie im Satiremagazin Puck *abgebildet, als fliegender Paketbote, der die neugeborenen Babys pünktlich zustellt.*

ganz unterschiedliche Narrative zu der neuen Erzählung vom schnabelklappernden Kinderbringer. Nach einer alten, aber weltweit verbreiteten Vorstellung bilden zwei unterschiedliche Entitäten, die Seele und der Körper, erst in ihrer Vereinigung einen vollständigen Menschen; das geschieht während des Geburtsvorganges, und im Tod trennen sich beide wieder. Häufig sind auch Annahmen, nach denen die Seele übernatürlichen Ursprungs ist und schon bereits vor der Zeugung existiert. Sie bewohne den Körper nur vorübergehend, und über ihr Schicksal nach dem Wegfall ihrer zeitweiligen Heimat berichten ganz unterschiedliche Lehren, Mythen und Dogmen. Im Glauben der germanischen Völker etwa gab es drei unterschiedliche Orte, an denen die Seelen von ungeborenen Menschen auf ihre Vereinigung mit einem Körper warteten, im Wasser, in einem Baum oder einem Stein.

Am ältesten und am weitesten verbreitet aber war die Vorstellung vom Wasser als Heimat der Seelen. Sinnbild des Unendlichen waren dabei das Meer und das Reich der Wolken; alles irdische Wasser stammte ja aus dem Himmel, und dort, in den Wolken, verortete der Glaube das Reich der Seelen. Herrscherin über das Wolken- und Seelenreich war die Göttin Hulda, uns noch bekannt als Frau Holle in der Grimm'schen Märchenwelt, in der sie die Christianisierung überlebt hat. Sie bewachte die Seelen der Ungeborenen und sandte sie bei der Geburt des Kindes zu der Gebärenden. »Beim ersten Schrei«, so Othmar Filitz in seiner Dissertation über den Storch als Kinderbringer, »erhielt das Neugeborene erst seine Seele; wurde in diesem Augenblick erst zum Menschen.«

Die Herkunft kindlicher Seelen aus dem Wasser hat in

Deutschland in vielen Kinderbrunnen überlebt; da gibt es in Frankfurt den Knäbleinsbrunnen, in Basel das Milchbrünnele und, am bekanntesten vielleicht, in Dresden den Queckbrunnen, der schon im Mittelalter von Frauen aufgesucht wurde, die sich von seinem Wasser Kindersegen erhofften. 1735 wurde ihm schließlich eine Storchenfigur aufgesetzt, und damit erhielt die Legende eine verständliche Erklärung.

Nicht nur Brunnen, sondern auch Quellen, Bäche, Flüsse, Teiche, Seen oder Sümpfe galten als Wartezimmer der ungeborenen Kinderseelen. In ihrer Umgebung nistete einst im frühen Deutschland – egal ob von Germanen, Kelten oder Slawen besiedelt – flächendeckend, aber scheu und versteckt der Schwarzstorch. Im Süden Schwedens trägt er heute noch den Beinamen ›Odensvala‹, übersetzbar mit Odinsschwalbe, ein Name, der sich auch in zahlreichen Orts- und Flurnamen sowie in alten Textzeugnissen wiederfindet. Als geflügelter Bote zählte er zu den Begleitern Odins, und eine seiner wichtigen Aufgaben war, das lassen die Überlieferungen vermuten, das Geleit von toten Kriegern auf ihrem Weg nach Walhalla.

Odins Gattin Frigga ist wiederum, so zumindest belastbare Theorien, identisch mit Holda/Holle, der Beschützerin und Vermittlerin der ungeborenen Kinder. Auch sie hatte gefiederte Begleiter und Boten in ihren Diensten, auch Störche, die nun nicht wie bei ihrem Gatten die Toten begleiteten, sondern den neugeborenen Kindern ihre Seele – und eben nicht ihren Körper! – aus Brunnen, Teich und Sumpf brachten. Vor allem im Norden Deutschlands blieben Reste dieses Glaubens rudimentär erhalten und vermischten sich allmählich mit dem christlichen Narrativ eines frommen Vogels.

In dem 1891 von Wilhelm Süs verfassten Kinderbuch Das Milchbrünnlein *bringen die beiden geflügelten Himmelsboten Storch und Engel einträchtig die Kinder zu ihren Eltern.*

In der Zeit der Romantik, als die mythologische Vergangenheit des eigenen Volkes zum Forschungsgegenstand wurde, erfuhr nun der Storch, diesmal in seiner weißgeflügelten Variante, eine Wiederauferstehung in der Rolle als Geburtshelfer. Bald galt er selbst in Gegenden, in denen er nie heimisch gewesen war, als Bringer der Kinder, und zahllos wurden nun Erzählungen, Gedichte und Bilder, die diese Funktion bestätigten. Erleichtert wurde diese Botenfunktion der Störche durch eher unbewusst wahrgenommene Ähnlichkeiten mit Engeln, den

Himmelsboten der monotheistischen Religionen. Auch deren Lebensraum sind Himmel, Luft und Wolken, schöne, weitausladende Flügel dominieren ihre Gestalt, die (auch hier gleichen sich Störche und Engel) frei von sichtbaren und störenden Geschlechtsmerkmalen eine heilige und keusche Neutralität zeigt.

Die Geburt eines Menschen ist erst mit der Abnabelung des Kindes von der Mutter vollendet; der neue Mensch kann nun selbstständig atmen und benötigt nicht mehr die mütterliche Sauerstoffzufuhr über die Nabelschnurvene. Dabei wird, um unnötigen Blutverlust zu vermeiden, die Nabelschnur zunächst beidseits der geplanten Schnittstelle abgeklemmt und erst dann durchtrennt sie die Hebamme mit einer Schere. Seit der Antike waren dafür eigene Klemmen bekannt, zumeist aber wurde die Nabelschnur vor dem Schnitt häufig beidseits, immer aber am kindlichen Ende mit einem Seiden- oder Leinenbändchen abgebunden. Etwa ab der Barockzeit und so zeitgleich mit der Entstehung der Fabel vom Storch als Kinderbringer wurden Nabelschnurklemmen in Storchengestalt hergestellt und schnell so populär, dass sie weniger als geburtshilfliches Instrument in Gebrauch waren, sondern weit häufiger den Wöchnerinnen, aber auch den neugeborenen Kindern als bleibende Erinnerung an die glückliche Entbindung geschenkt wurden.

Auch heute noch werden solche Klemmen, die meist aus Silber hergestellt waren, irrtümlicherweise als Storchenscheren bezeichnet, sie besaßen aber keine Klingen, sondern hatten leicht gebogene Greifflächen, sogenannte Maulflächen, manchmal gar mit einer leicht gerieften Oberfläche zum besseren Fassen des Gewebes. Ein Arretierungsmechanismus war damals noch unbekannt, die beiden Branchen mussten, um eine

Klemmwirkung zu erzielen, mit einem Faden kräftig fixiert werden. Die Funktion der Storchenscheren als Ziergerät wurde durch kleine Standflächen unterstrichen, die an den Ringgriffen angebracht waren und häufig die Form von Storchenfüßen hatten, die zusätzlich oft auf einem Frosch, dem Sinnbild für Fruchtbarkeit, oder einer Geburtshelferkröte, Symboltier der Hebammenzunft, standen. Beim Spreizen der Branchen zeigte sich meist im Bauch des Storches ein gewickeltes Kind, auch das ein Hinweis, dass die Nabelscheren beziehungsweise -klemmen weniger als Instrument denn als Erinnerungsobjekt gedacht waren.

Mitte des 19. Jahrhunderts entwickelte sich dann doch eine Storchenschere, die auch schneiden konnte; sie ist allerdings für Handarbeiten gedacht und mit ihren spitzen Klingen für die Geburtshilfe, wo es Verletzungen zu vermeiden gilt, ganz und gar untauglich.

Die meisten Leser dieser Zeilen, etwa 60 Prozent, trugen tatsächlich zum Zeitpunkt ihrer Geburt mittig im Nacken oder am Hinterhaupt ein sichtbares Relikt des etwas robusten Transportes in einem Storchenschnabel, einen unregelmäßig geformten, aber glatt begrenzten roten Fleck, den sogenannten Storchenbiss. Hinter dieser zumeist harmlosen Rötung verbirgt sich eine Sonderform des Feuermals, medizinisch *Naevus flammeus* genannt, das durch geweitete Kapillargefäße der Haut gebildet wird. Diese lokale und oberflächliche Gefäßerweiterung wird, so die gängige Hypothese, durch eine Reifestörung der nervalen Gefäßversorgung verursacht, die eine Regulierung des Gefäßdurchmessers verhindert und so durch den vermehrten Blutdurchfluss als Rötung imponiert.

Schreien die kleinen Kinder, oder haben sie Fieber, wird das Areal noch mehr durchblutet und die Rötung verstärkt sich. Diese funktionelle Entwicklungsverzögerung verliert sich in den ersten Lebensjahren und gilt nur als optischer Makel ohne Krankheitswert.

Abgegrenzt werden muss der Storchenbiss allerdings von einem Blutschwamm, einem Hämangiom, das auch angeboren oder im Kindesalter erworben sein kann, eine echte Gefäßwucherung, die sich im Hautniveau oft als Knoten tasten lässt und Anlass für eine genauere ärztliche Untersuchung sein sollte. Ein Storchenbiss kann auch auf der Stirn, zwischen den Augen oder am Lid entstanden sein, in diesem Fall hat man dem Fleck einen deutlich poetischeren Namen gegeben und nennt ihn Engelskuss. Auch hier ist die Nähe von Storch und Engel auffallend.

Für den Begriff Storchenbiss gibt es neben der harmlosen pädiatrischen Variante eine ganz andere Interpretation, die schon Claudius in seinem Gedicht andeutete. Denn wenn schon der Storch das neugeborene Kind geliefert hatte, so war er auch an der Bettlägerigkeit der beschenkten Mutter schuld – er hatte das Baby geliefert und anschließend der Mutter in ein Bein gebissen, so eine Verletzung verursacht, die im Wochenbett auskuriert werden musste. Doch auch diese Variante ist Kinderkram, die niemand ernsthaft glaubte. Zahlreiche und immer recht anzügliche Kartengrüße, die um die Wende vom 19. zum 20. Jahrhundert und auch noch danach produziert wurden, enthüllten die eigentliche Wahrheit: vom Storch gebissen werden hieß schwanger geworden zu sein, oder genauer: geschwängert zu werden, und hier erhält der Schnabel des

Tausendfach wurde um 1900 das Bild Unterhaltung *von Carl Schweninger als Ansichtskarte reproduziert, das ein erotisch aufgeladenes Tête-à-Tête zwischen einer jungen Frau und einem Storch zeigt.*

Storches – lang, rot und steif – eine neue, nie ausgesprochene, aber umso eindrucksvollere kryptosexuelle Bedeutung. Die war in früheren Zeiten offenkundiger, denn etymologisch leitet sich das Wort Storch von einer germanischen Wurzel her, die für ›starr‹, ›steif‹ stand; noch im Mittelalter war ›des Mannes Storch‹ eine der vielen Umschreibungen für das männliche Glied. In der Formulierung ›spitz wie ein Storch‹ ist die sexuelle Komponente dann auch direkter und doch subtiler.

Eine um die Jahrhundertwende weit verbreitete Abbildung eines Gemäldes von Carl Schweninger zeigt eine junge Frau, die leicht gebeugt am Rande eines Teiches steht und sich, so der Titel des Bildes, mit einem Storch unterhält. Möglicherweise – das wäre die harmlosere Auslegung – halten beide eine Art Kinderwunschsprechstunde ab. Bekleidet aber ist die Frau nur mit einem durchsichtigen Tuch, das ihre Hände schon etwas gerafft haben, und mit der gleichen Bewegung kann sie es in einem Zug über ihren Kopf abstreifen. Ihr Blick ist erwartungsvoll auf den Storch gerichtet, genauer: auf seinen Schnabel, und möglich, ja wahrscheinlicher ist eine andere Interpretation. In einer etwas gröber gemalten Variante der Szene liegt das Tuch schon im Gras, die Frau ist jetzt nackt, ihre Wangen sind gerötet, und der Storch hebt gerade seine Schwingen, um mit zwei, drei Flügelschlägen vorsichtig auf ihrem Rücken Platz zu nehmen.

Schwarz und Weiß

Es war es nur eine kurze Meldung in einer Lokalzeitung, und die geradezu sensationelle Bedeutung werden nur wenige Experten verstanden haben: Nahe dem Dorf L., südlich von Uelzen sei eine Mischbrut zwischen einem Schwarzstorch und einem Weißstorch gemeldet worden und solch eine Mesalliance sei doch selten. »Selten«, so G., »ist heftig untertrieben, noch nie ist in freier Natur ein schwarz-weißes Storchenpaar beobachtet worden, das Nachkommen produziert hat.« Da er gerade Zeit hatte, nahm er sein Spektiv und seine Kamera, fuhr nach L. und erzählte mir, als ich ihn wiedersah, von seinem Ausflug.

Vor Jahren hatte ein Bauer dort auf einer Wiese eine Nisthilfe errichtet, und bald wurde sie von Weißstörchen in Besitz genommen. Dem männlichen Storch, der jedes Jahr als Erster den Horst anflog, gab man den Namen Heinrich, und so etablierte sich oberhalb der Wiese ein ganz normales Storchenleben, mit seiner Storchengattin Ilse zeugte er fleißig Jungstörche. Doch dann sei im Jahr zuvor plötzlich ein Schwarzstorchweibchen erschienen und hätte sich – allerdings vergebens – als alternative Partnerin angeboten. Auch in diesem Jahr war die schwarze Störchin wieder früh erschienen, und mehrfach hatte Heinrich versucht, sie abzuwehren, aber Isis, so wurde sie kurz darauf benannt, blieb hartnäckig. Und da sich die vorjährige Partnerin nicht blicken ließ, kapitulierte Heinrich schließlich, bestieg sie, und kurz darauf legte die schwarze Isis drei Eier.

Für das von 1885 bis 1897 erschienene siebenbändige Monumentalwerk Coloured Figures of the Birds of the British Islands *schuf Archibald Thorburn das Bild eines auch in England seltenen Schwarzstorchs.*

Schon früh zeigten sich Unterschiede zwischen den Arten, während Isis das gemeinsame Nest mit Moos auspolsterte, zupfte es Heinrich ärgerlich wieder weg und besorgte stattdessen Gras für die Nistmulde. Auch ihre Begrüßungszeremonie hatte interspeziezistischen Charakter, Heinrich legte seinen Kopf zurück und klapperte nach Weißstorchart, während Isis mit dem Kopf wippte, sich verbeugte und dann Pfeiflaute von sich gab. Doch bei allen Unterschieden blieben sie ein Paar. Als andere Weißstörche – unklar welchen Geschlechts – ihr Nest attackierten, wechselten sie rasch in einen vehementen Verteidigungsmodus; Isis wurde gar gesehen, wie sie einen fremden Weißstorch abwehrte, quer durch den Ort verfolgte und ihn mehrere Kilometer aus ihrem Brutgebiet hinausbegleitete.

Ende Mai schlüpften zwei Küken im Nest, das war nun endgültig eine Sensation. Ein Fernsehteam erschien in L., dann ein zweites, und rasch musste der Storchenhorst weiträumig mit einem Absperrband geschützt werden, um dem Paar ein störungsfreies Brutgeschäft zu ermöglichen. Erste Bilder der beiden Jungstörche zeigten, dass sie wenig Ähnlichkeit mit ihren verschiedenen Elternteilen aufwiesen, sich aber auch untereinander unterschieden. Im Alter von etwa vier Wochen, als die Schwarzstorchmutter gerade abwesend war, wurden sie beringt; aus genetischen Analysen ihrer Federn, die bei dieser Gelegenheit entnommen wurden, konnte das Geschlecht bestimmt werden. Der zuerst geschlüpfte Storch war männlich und erhielt den Namen Ludger, der zweite war weiblich und wurde Lina genannt. Beide Elternteile kümmerten sich anfangs in gleichem Maße recht fürsorglich um die Ernährung und Pflege ihres Nachwuchses, zeigten aber entsprechend ihrer Artzugehörigkeit unterschiedliche Vorlieben in der Nahrungssuche. Schwarzstörchin Isis brachte nahezu ausschließlich Kleinfische und Amphibien, während Vater Heinrich Heuschrecken und Mäuse verfütterte.

Schon Anfang Juli, da war der Nachwuchs gerade fünf, sechs Wochen alt, stellte die Mutter die Fütterung ein, möglicherweise aufgrund von Mangel an geeigneten Fischen; nun sorgte allein der weiße Vater Heinrich für die Nahrungsversorgung des gemischten Nachwuchses.

Erfolgreiche Paarbildungen – und das schließt lebensfähige Nachkommen mit ein – zwischen Weiß- und Schwarzstörchen waren bis dato europaweit (und damit auch weltweit) nie in freier Natur beobachtet worden, sondern nur in zoologischen Gärten, also unter keineswegs artgerechten Bedingungen. Analog zum früher gebräuchlichen unschönen Namen für die Entstehung von Nachfahren genetisch unterschiedlicher Eltern erhielten die Nachkommen den Namen ›Bastarde‹ oder – ein wenig besser – Hybridstörche. Generell aber ignorierte die wissenschaftliche Storchenforschung die Produkte solcher Seitensprünge, und so schweigt sich auch das deutschsprachige Standardwerk *Der Weißstorch – Ciconia ciconia* über Artkreuzungen (wie auch über *same sex copulation*) beim Storch hartnäckig aus.

Nun werden solche Hybridisierungsphänomene auch unter anderen Vogelarten beobachtet, sie scheinen häufiger vorzukommen, als ursprünglich angenommen wurde. Artgrenzen werden ja eigentlich dort gezogen, wo zwei Individuen keinen fortpflanzungsfähigen Nachwuchs zeugen können. Dieses Dogma aber, dass Produkte artübergreifender Partnerschaften steril sind, ist ins Wanken geraten. Bei einer in Neuengland erfolgten Kreuzung von Küsten- und Flussseeschwalben wurden etwa fortpflanzungsfähige Hybride der zweiten Generation festgestellt. Die natürlichen Bedingungen für eine artübergreifende Partnerschaft, die evolutionär eigentlich kontraproduktiv, weil artbedrohend ist, sind sehr eng und treten nur bei einem echten Mangel an Fortpflanzungspartnern auf.

Möglicherweise war die Schwarzstorchpopulation in der Umgebung von L. derart dezimiert, dass für das Storchenweibchen Isis die Liaison mit einem Weißstorch die allerletzte Möglichkeit war, eigenen Nachwuchs auf die Welt zu bringen. Eine gewisse Hybridisierung kann aber auch einen evolutionären Motor darstellen. Seit wenigen Jahren erst ist bewiesen, dass wir Europäer, aber auch die Bewohner Asiens und mit ihnen die Ureinwohner beider Amerikas, mit Genen von Neandertalern auch Spuren einer frühen Artvermischung in uns tragen, einer Hybridisierung eigener Art, während die ersten Besiedler vieler Südseeinseln wie auch des australischen Kontinents in ihrem Genom Reste des Denisova-Menschen aufweisen.

Mit zunehmendem Alter klärte sich auch das Aussehen der beiden Jungstörche, das schließlich nur ansatzweise das Aussehen ihrer Eltern repräsentierte. Dazu entwickelten sich die Geschwister auch optisch in unterschiedliche Richtungen, Ludger erinnerte mit etwas dunklerem Gefieder eher an die Schwarzstorchmutter, während bei der kleineren Lina im Federkleid unterschiedliche Grautöne dominierten. Inwieweit sich das Fehlen wichtiger typischer Artmerkmale später bei der Partnersuche der beiden auswirken kann, muss momentan noch Spekulation bleiben. Leider konnten beide nicht mit einem Sender ausgestattet werden, sodass nur ein Zufall Aufklärung über ihr weiteres Schicksal geben und vor allem jene drängende Frage beantworten kann, ob Ludger und Lina auch eines Tages Nachkommen haben werden.

Im Frühjahr 2024 war der Horst in L. wieder von zwei Störchen besetzt, diesmal hatte sich Heinrich aber eine Partnerin aus seiner Art angeschlossen und Isis ward nicht mehr gesehen.

Umgeben von vielen Weißstörchen blieb für mich lange Zeit sein schwarzer Verwandter ein Phantom. Auch er nistete in Elbnähe, doch während ich Bekanntschaft mit See- und Fischadlern, mit Beutelmeisen oder Goldhähnchen, dem Rotmilan, dem Silberreiher und Kiebitz, mit dem Pirol und dem Kranich schloss, wollte er sich partout nicht zeigen, und so wuchs in mir fast Neid, als mir U. erzählte, sie habe drei Schwarzstörche auf den Elbwiesen gesehen, und mir als Beweis Bilder von ihrem Smartphone runterlud. Wenige Tage später aber, es war nun Anfang September und ein sonniger Tag, sah ich ihn das erste Mal mit eigenen Augen: Jenseits des Flusses schwebte er, getragen von warmer Luft, in ruhigen Kreisen himmelwärts. Ich blickte ihm nach, solange er im Sichtfeld blieb, und dieser Augenblick sollte mir immer erinnerlich sein.

Der Anblick wurde kurz darauf aber noch getoppt: Eine Gruppe Schwarzstörche, neun an der Zahl, hatte sich auf dem Herbstzug Richtung Afrika für eine kurze Pause die Elbwiesen vor W. als Rastplatz erwählt. Dort trafen sie auf einen reich gedeckten Tisch – und ihre weißen Artverwandten. Diesmal gab es kein Konkurrenzverhalten zwischen ihnen, Schwarz und Weiß stakten bunt gemischt und einträchtig über die Feuchtwiesen, als hätten sie nun kurz vor dem langen Flug alle früheren Rivalitäten vergessen und eine neue artübergreifende Solidarität begründet. Vom Deich aus waren sie gut zu beobachten, von dort waren auch in den Marschen die mächtigen Solitärbäume, meist Schwarzpappeln, zu sehen, und auch totes, noch hochragendes Holz, auf dessen Ästen die Störche nachts ruhten.

Im Verhalten zu uns Menschen ist der Schwarzstorch die gegenteilige Variante seines weißen Artverwandten, er flieht geradezu vor uns in entlegene, schwer erreichbare Waldgegenden, und vor allem während der Brutzeit reagiert er sehr sensibel auch auf leichte Störungen. Nicht selten ist es vorgekommen, dass dann die Altstörche ihr Nest mitsamt der Brut fluchtartig verlassen haben. Da auch harmlose Waldspaziergänger oder Arbeiter als Störenfriede gelten können, wurden in den deutschen Bundesländern, die Schwarzstörche beherbergen, über Landesnaturschutzgesetze Horstschutzzonen festgesetzt, in denen weder land- noch forst- oder fischereiwirtschaftliche Maßnahmen gestattet sind.

Anders als der Weißstorch ist er auch untereinander wenig gesellig, beansprucht ein weit größeres Territorium, und vor allem während der Brutzeit verteidigt er sein Revier mitunter recht energisch und aggressiv gegen unwillkommene Eindringlinge. Mitte August verlassen dann die Schwarzstörche ihre Brutgebiete, Jungstörche zeitlich etwas vor ihren Eltern, aber auch diese treten häufig getrennt ihre Herbstreise an. Statt jedoch allein zu reisen, schließen sie sich an Sammelpunkten zu Zuggemeinschaften zusammen, die auch als Gruppe rasten und dabei bevorzugt geeignete Nahrungshabitate aufsuchen. In Sachsen sind dies Regionen mit Fischteichen, in Brandenburg das Odertal oder, wie glücklicherweise hier am Rande von W., die Elbauwiesen. Unser Chronist der Stadt überließ mir ein Foto, das einen weißen und einen schwarzen Storch zeigt, die aufeinander zuschreiten, und so eine seltene Begegnung der beiden Storchenarten dokumentiert, die bei uns brüten.

Heute ist der Schwarzstorch in seinen Brutgebieten wieder ein wertgeschätzter Gast; das war aber nicht immer so. Einst im Norden als Begleiter des Göttervaters Odin verehrt, wurde ihm nach der Christianisierung im populären Glauben die Rolle des unheilvollen Gegenspielers seines weißen Vetters zugesprochen. Sein Erscheinen bedeutete im günstigsten Fall nur etwas Regenwetter, in manchen Gegenden aber Tod oder gar Kunde von einem bevorstehenden Krieg.

Im Jahr 1917 fand in den USA der Film *The Black Stork* eine ungewöhnlich kontroverse Aufnahme und führte zu erregten Diskussionen unter Zuschauern wie Kritikern. Produzent, Drehbuchautor sowie Hauptdarsteller war Dr. Harry J. Haiselden, Chefarzt des Deutsch-Amerikanischen Krankenhauses in Chicago (es wurde nur wenig später in Grant Hospital umbenannt); zwei Jahre zuvor hatte er sich geweigert, ein behindert geborenes Kind zu behandeln, das kurz darauf verstarb. In dem Film rechtfertigte Haiselden, eingebettet in den Albtraum einer jungen Frau, seine Tat und propagiert die Wichtigkeit der Eugenik für das Wohl seiner Nation.

In der Traumsequenz wird ein Dr. Dickey, gespielt von Haiselden, zu einer Operation gerufen, um das Leben eines missgebildeten Kindes zu retten. Dr. Dickey weigert sich, andere Ärzte aber retten das Kind und es wächst zu einem Monstrum heran, das später den Arzt umzubringen versucht, der es einst »zum

The Black Stork *ist, so Dr. Harry Haiselden aus Chicago in seinem gleichnamigen eugenischen Propagandafilm, für ›missgebildete‹ und daher lebensuntüchtige Kinder verantwortlich.*

Leben verurteilt hat«. Hier erwacht die junge Frau, lässt sich mit ihrem Verlobten testen und beide bekommen ein gesundes Baby. Im gesamten Film werden Bilder von missgebildeten und behinderten Menschen eingeblendet und die Botschaft ist eindeutig: Sexuelle Promiskuität, aber auch »Rassenmischung« seien verantwortlich für behinderte und missgebildete Kinder, daher gelte die Devise: »There are times when saving a life is a greater crime than taking one.«

Und obwohl in Amerika weder der Weißstorch – der vermeintlich gesunde Kinder bringt – noch der Schwarzstorch – verantwortlich für missgebildete Kinder – heimisch waren, war die mythologische Aufladung der Vögel so verbreitet, dass schon der Titel des Films seinen Inhalt ahnen ließ. Um die eugenische Botschaft zu unterstreichen, wurde der Film ein Jahr später in *Are You Fit To Marry?* umbenannt und lief noch bis 1942 in ausgewählten Kinos.

Zum guten Schluss der Klimawandel

Störche sind, das haben sie zur Genüge bewiesen, kluge, anpassungsbereite und lernfähige Wesen. Ob sie damit aber ausreichend gerüstet sind, alle Veränderungen zu bewältigen, die der menschengemachte Klimawandel mit sich bringt, ist schwer zu beantworten. Arten können schnell vom Erdboden verschwinden, das ist zunächst ein natürlicher Prozess und so sind etwa dreißig Storchenarten schon vor Jahrmillionen Opfer der Evolution geworden. Generell hängt die Bestandsentwicklung einer Storchenpopulation von der Überlebensrate im Überwinterungsgebiet sowie während der Migration ab, dann von einem Zuzug aus benachbarten Populationen und schließlich vom Bruterfolg in der nördlichen Heimat.

Sicher ist, dass schon in diesen unterschiedlichen Aufenthaltsgebieten der Klimawandel ganz andersgeartete Folgen haben wird, die meist nur in Modellen simuliert werden können. Am augenfälligsten sind die weltweiten Temperaturerhöhungen, die aber regional ganz unterschiedliche Folgen haben.

Da warme Luft mehr Wasserdampf aufnehmen kann, ist bei gleichbleibender Luftfeuchtigkeit mehr Regen zu erwarten. In Europa sind im letzten Jahrhundert die Niederschläge tatsächlich bereits um bis zu acht Prozent gestiegen. Profitiert aber haben die Regionen ganz unterschiedlich, denn die Zunahme der Niederschläge zeigt sich hauptsächlich in Nordeuropa, während die Regenmengen im Mittelmeerraum und in Teilen Südeuro-

Sejm bociani – Versammlung der Störche *nannte 1879 Władysław Malecki ein Gemälde mit einer Schar von Weißstörchen inmitten einer so sumpfigen wie bewaldeten Landschaft seiner polnischen Heimat.*

pas fast schon dramatisch abgenommen haben. Regionen, die jetzt schon durch Mangel an Niederschlag leiden, werden noch trockener werden, andere dagegen, in denen es jetzt schon ausreichend regnet, werden noch feuchter. Dazu werden als Folge des Klimawandels, so die Prognosen, manche Wetterphänomene häufiger extrem ausfallen, Regen tritt also öfters in Form von Starkregen auf und trockene Monate enden in Dürreperioden. Mit der höheren Zahl an Starkregenereignissen sinkt aber die Zahl der jährlichen Regentage; die Zunahme der jährlichen Niederschlagsmenge wird also umverteilt, und da bei Starkregen die Wassermengen überwiegend oberflächlich abfließen und nicht versickern, entsteht das paradoxe Phänomen, dass trotz größerer Regenmenge der Grundwassergehalt sinken kann.

Mit der Erwärmung geht auch eine Verschiebung der jahreszeitlichen Wachstumsphasen in der gesamten Natur einher. Schon immer variierte die Länge der Vegetationsperioden, jetzt aber beginnt der Frühling früher und der Winter später – in Zahlen ausgedrückt hat sich in den letzten 30 Jahren die Vegetationsphase in Deutschland um zehn Tage verlängert und wird weiter zunehmen. Diese Verschiebung beeinflusst auch die Pflanzen- und Tierwelt sowie die landwirtschaftliche Praxis und beides verändert das jahreszeitliche Nahrungsangebot an die Storchenwelt.

Afrika, so alle Voraussagen, wird vom Klimawandel noch weitaus heftiger als Europa betroffen sein, hier sind die Voraussagen über die Folgen für die Störche noch sehr spekulativ. Bestimmt aber wird die Zweiteilung in Ost- und Westzieher für weitere unterschiedliche Entwicklungen unter den Storchenpopulationen sorgen. Die Westzieher haben ihr Überwinterungsgebiet weitgehend in das nördlichere Spanien und Portugal verlegt, und das hat ihrer Gemeinschaft wichtige Überlebensvorteile verschafft. Für die Ostzieher ist eine ähnliche Lösung noch nicht greifbar; ihre Population kann möglicherweise ein Verlierer des Klimawandels sein. Einzig eine Verlegung des Überwinterungsgebietes Richtung Europa und damit eine Verwandlung vom Langstreckenzieher in einen Kurzzieher oder Standvogel mag eine zukünftige Lösung sein. Erste Meldungen berichten zudem, dass inzwischen auch Oststörche auf ihren Wanderungen Mülldeponien als neue Nahrungsquelle ansteuern.

Schuld an der menschengemachten Erderwärmung ist der ungebremste Ausstoß aus Treibhausgasen, und einer der wesentlichen Schadstoffe dabei ist Methan. Das Gas entsteht vornehmlich aus biologischen Quellen wie dem Reisanbau oder der Schaf- und Rinderzucht; auch Waldbrände oder Vulkanausbrüche setzen es frei. Etwa ein Fünftel der globalen Methanemissionen, in Europa gar ein Viertel, stammt aus Mülldeponien, die wahre Methanhotspots sind. Daher plant die EU weitreichende Maßnahmen, um die entstehenden Gase zu verhindern oder zu verwerten. Zwangsläufig werden in absehbarer Zeit alle offenen Deponien verschwinden, die in den letzten Jahren den vom *Spiegel* so genannten ›Siegeszug der Störche‹ ausgelöst, sicher aber begünstigt haben. Dann muss sich auch der Storch umorientieren.

Auch der Rote Sumpfkrebs, Mitverursacher des iberischen Storchenbooms, ist mit seiner hohen Vermehrungsrate und ökologischer Anpassungsfähigkeit ein ausgesprochener Umweltschädling. Neben seiner Fresslust, der viele Amphibien zum Opfer fallen, ist er Träger der Krebspest, einer Pilzinfektion, gegen die er weitgehend immun ist, die für viele andere Arten jedoch tödlich endet. Daher sterben in Gewässern, die er besiedelt, unweigerlich alle einheimischen Arten aus. Weltweit. Laut dem Weltbiodiversitätsrat, einer UN-Organisation, sind eingeschleppte Arten bei sechzig Prozent der dokumentierten Ausrottungen von Tieren oder Pflanzen ein entscheidender Faktor.

Der Weißstorch ist, wie auch der Eisbär, ein positiv besetztes Symboltier, das als Wildtier nur in einem intakten natur-

Für das Kinderalbum *schuf Adolph Menzel mit realistischem Blick den* Storch im Schilf, *eine Gouache, die einen leicht zerzausten Vogel in seinem natürlichen Nahrungshabitat auf Beutesuche zeigt.*

nahen Raum erfolgreich überleben kann. Das macht ihn zu einem Indikator für die Qualität unserer Umwelt und der erhaltenen Biodiversität, allerdings nur dann, wenn menschliche Manipulationen wie Gehegeaufzucht und Zufütterung begrenzt bleiben. *Ciconia ciconia* hat sich uns freiwillig angeschlossen, sein Wohl mit dem der Menschheit verknüpft und ist dabei doch ungezähmt geblieben. Wir Menschen – zumindest viele von uns – verspüren daher zu Recht eine besondere Verantwortung für sein Überleben und engagieren uns vielfältig für ihn. Storchenschutz ist auch Naturschutz, ist Bewahrung einer Kulturlandschaft, in der die Bedürfnisse des Menschen und seiner umgebenden Natur in einem ausgewogenen, nachhaltigen Verhältnis miteinander verbunden sind – und so ist Storchenschutz natürlich auch Sehnsucht nach einer Idylle. Die Störche, Objekte unserer Fürsorge, definieren aber selbst, was gut für sie ist, und so müssen wir mit dem Paradoxon leben, dass für sie eine überladene Müllkippe manchmal paradiesischer erscheint als die vermoorten Niederungen eines Brandenburger Luchs.

Im Winter hatte es lange und ausgiebig geregnet, und zu Beginn des Frühjahrs reichte das Elbwasser bis an den Deich und auch hinter ihm drückte es in viele Gärten und bildete dort kleine Teiche. Selbst in meinem Keller hatte sich ein kleiner Wasserspiegel gebildet. Dann hörte ich beim Aufwachen an einem Morgen als erstes Geräusch das Geklapper meiner Nachbarn. Anschließend unternahm ich mit meinem Storchenmentor eine Tour, in sechzehn Nestern wurde gebrütet, allein der Horst auf dem Hungerturm blieb leider unbesetzt.

Erstmals hatte sich ein Paar auf dem Dach bei L. eingerichtet, auch auf dem Schornstein des Kommandeurhauses, im letzten Jahr noch Streitobjekt von Jungstörchen, war Ruhe eingekehrt. Vom Horst vor dem Elbtor wussten wir, dass bereits vier Küken geschlüpft waren. So herrschte reger Flugverkehr über den Dächern von W., das Gras in den Marschen war schon hoch und würde bald gemäht werden, noch aber brüteten in den Wiesen Vögel und versteckten sich Rehkitze im Grün.

Die Idylle war perfekt, doch fragil; an einem Morgen lag ein totes Storchenküken vor der Pforte der Salzkirche. Nicht zum letzten Mal wünschte ich mir die kommunikative Gabe des Franz von Assisi, doch nun würde ich die Störche nicht um ihre Erlebnisse fragen, sondern ihnen von unseren Sorgen um die Zukunft unserer gemeinsamen Welt berichten. Wie würden sie reagieren? Sie würden den Kopf auf den Rücken beugen, den Himmel anklappern und mir die Deutung überlassen.

Waldstorch

Mycteria americana

Wood stork
Tantale d'Amérique

Der Waldstorch, ein Wasservogel mit weißem Körper und schwarzem Fluggefieder, ist die einzige Storchenart, die auch in Nordamerika vorkommt, dort aber nur im Südwesten in Küstennähe. Erwachsene Vögel haben einen faltigen, kahlen grauen Kopf und einen kräftigen, dunklen Schnabel, der etwas nach unten gekrümmt ist. Als Standvogel brütet er in den bewaldeten Feuchtgebieten Mittel- und Südamerikas und findet seine Nahrung, die hauptsächlich aus Fischen, aber auch aus Amphibien und Reptilien besteht, in Überschwemmungsgebieten, in Sümpfen oder Flachgewässern. Dort hat er eine eigene Jagdmethode entwickelt: Mit geöffnetem Schnabel ertastet er im brackigen Wasser seine Beute, die er durch Flügelschlagen oder durch Stampfen mit seinen Füßen aufgescheucht hat, und verschluckt sie dann blitzschnell. Als geselliger, wenig aggressiver Vogel nistet der Waldstorch bevorzugt in großen Kolonien, baut seine Nester in Bäumen oder Büschen über Frisch- oder Brackwasser und kann sich an eine Vielzahl von tropischen und subtropischen Feuchtgebieten anpassen.

In den USA gilt der Waldstorch aufgrund seines eingeschränkten Habitats als gefährdet, generell aber ist er in Amerika weit verbreitet und die IUCN listet ihn als nicht gefährdet.

* Hier und auf den folgenden Seiten sind die Brutgebiete durch Pünktchen, die Überwinterungsgebiete durch Linien in den Verbreitungskarten ausgezeichnet.

Buntstorch

Mycteria leucocephala

Painted stork
Tantale indien

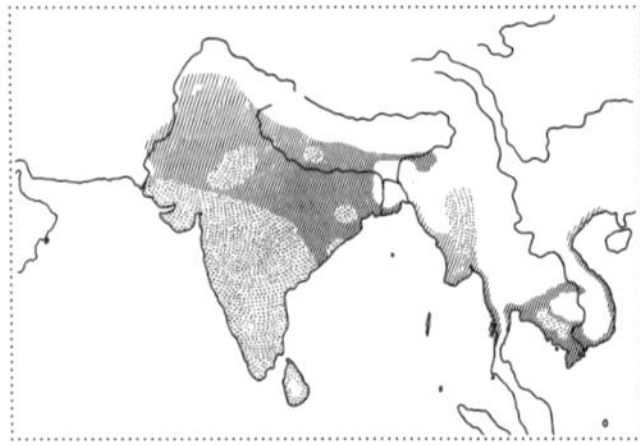

Rosafarbene Schwanzfedern, ein unbefiederter, leuchtend orangeroter Kopf, ein kräftiger gelber, an der Spitze nach unten gebogener Schnabel, gleichfarbige Beine sowie schachbrettartig gemusterte schwarz-weiße Flügel und ein ebensolches Brustband machen den Buntstorch zu einem der auffälligsten und gleichzeitig unverwechselbaren Störche. Mit einer Größe von etwa 100 Zentimeter und einem Durchschnittsgewicht von 3 Kilogramm beträgt seine Flügelspannweite 150 Zentimeter. Südlich des Himalayas kommt er auf dem gesamten indischen Subkontinent von Pakistan bis hin nach Thailand und Vietnam vor, ist in seinem mittleren und südlichen Verbreitungsgebiet ein Standvogel, ansonsten ein Kurzstreckenzieher. Sein Habitat sind Feuchtgebiete wie Süßwassersümpfe, Seen, Reisfelder, Flussufer und Gezeitenzonen; dort nistet er auf hohen Bäumen und in großen Kolonien, gerne auch in Nachbarschaft von anderen Wasservögeln. Auf die Jagd geht er zumeist paarweise oder in kleinen Gruppen, dabei taucht er seinen halb geöffneten Schnabel ins seichte Wasser und schnappt sich Fische, Amphibien, Krebstiere oder größere Insekten.

Der Buntstorch ist mit etwa 8000 bis 12 000 Brutpaaren wohl der häufigste asiatische Storch, die IUCN listet ihn aber als *near threatend*, als potenziell gefährdet ein, da in den vergangenen Jahren Bejagung, Trockenlegung von Feuchtgebieten und Verschmutzung der Gewässer eine leichte Abnahme seiner Bestände verursacht haben.

Glanzklaffschnabel
Anastomus lamelligerus

African openbill
Bec-ouvert africain

Der Glanzklaffschnabel ist mit einem Durchschnittsgewicht von nur wenig mehr als einem Kilogramm ein kleiner Storchenvogel und leicht unterscheidbar durch sein durchgehend dunkles, leicht grünlich schimmerndes Gefieder sowie einen mächtigen und ebenfalls schwarzen Schnabel. Dieser zeigt einen Spalt, der zwischen beiden Hälften klafft und ihm seinen Namen gab. Der Glanzklaffschnabel ist im subsaharen Afrika ein weit verbreiteter Vogel, dort nistet er oft in großen Kolonien vorzugsweise am Rand von ruhigen Gewässern wie Sümpfen, Seen, Feuchtsavannen oder Flussarmen. Er ernährt sich hauptsächlich von einer Apfelschneckenart, die im Wasser lebt und von ihm mit seinem dafür geformten Schnabel geschickt aus dem Gehäuse gezogen wird, verschmäht aber auch nicht Süßwassermuscheln oder Amphibien. Oft wird er auf dem Rücken von Flusspferden gesehen, die beim Waten durchs Wasser Pflanzenblätter voller Schnecken an die Oberfläche schwemmen. Einige Populationen sind sesshafte Standvögel, andere jedoch Migranten, die in großer Zahl abhängig von Wetterbedingungen ihre Wanderung je nach Verfügbarkeit der Schneckennahrung durchführen.

Wegen seiner weiten Verbreitung ist der Bestand des Glanzklaffschnabels nicht gefährdet, wenn auch in den letzten Jahrzehnten seine Zahl durch Verlust an Lebensraum oder durch den Einsatz von Pestiziden bei der Moskitobekämpfung gesunken ist. In Ostafrika wird er wegen seines Fleisches gewildert.

Weißstorch
Ciconia ciconia

White stork
Cigogne blanche

Weißes Gefieder, aber schwarze Schwungfedern, dazu ein knallroter Schnabel und ebenfalls rote, schlanke und lange Beine bilden das charakteristische Aussehen des Weißstorches, der einst im gesamten Mitteleuropa ein weit verbreiteter Brut- und Sommervogel war. Der Weißstorch als Zugvogel ist ein Langstreckenzieher, der zumeist über eine östliche Route ins afrikanische Winterquartier zog; ein kleiner Teil wanderte über die Meerenge ins westliche Afrika. Klimawandel und veränderte Nahrungsangebote haben in jüngster Zeit das Zugverhalten geändert. Als Kulturfolger sucht er die Nähe menschlicher Behausungen und ist auf Feuchtgebiete und Graslandniederungen als Habitat angewiesen. Dort findet er als Nahrungsopportunist reichlich Beute unter Amphibien, Kleinsäugern und Insekten.

Weißstörche werden bis 100 Zentimeter groß und erreichen eine Flügelspannweite von etwa 200 bis 220 Zentimeter, ihr Durchschnittsgewicht liegt bei 3,5 Kilogramm. Eine Unterart, der Turkestan-Storch (*Ciconia ciconia asiatica*), siedelt inselartig in und um Usbekistan, ist von etwas größerer Gestalt als sein Nominativverwandter, zählt aber nicht mehr als 800 Brutpaare und überwintert in Persien sowie im Norden Indiens.

Weltweit wird die Zahl der Weißstörche derzeit auf etwa 230 000 Paare geschätzt, daher stuft ihn die IUCN als ›nicht gefährdet‹ ein, wenn auch regional sein Bestand bedroht sein kann.

Schwarzschnabelstorch

Ciconia boyciana

Oriental stork
Cigogne orientale

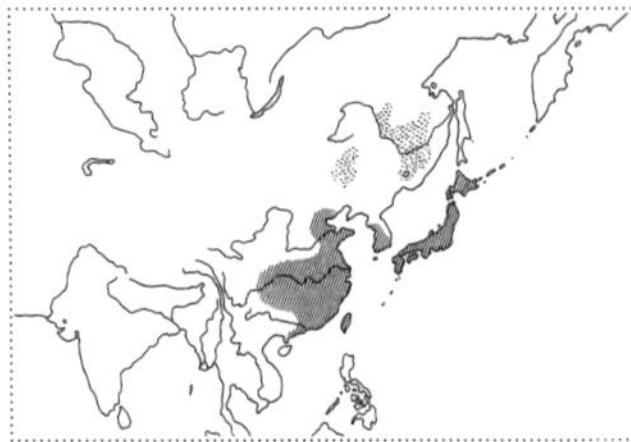

Der Schwarzschnabelstorch, gelegentlich auch Orientalischer Weißstorch genannt, ist ein eleganter, jedoch vom Aussterben bedrohter Storch, der im Nordosten Chinas und dem angrenzenden Sibirien entlang der Flüsse Amur und Ussuri brütet und vornehmlich im Süden Chinas überwintert. Abholzung von Wäldern und Trockenlegung von Feuchtgebieten, insbesondere im Jangtse-Becken, haben den Lebensraum des Vogels im Brut- wie Überwinterungsgebiet drastisch reduziert. Dort wird er trotz gesetzlichen Schutzes weiter gejagt; nur etwa 1000 bis 2500 Exemplare haben überlebt. Im Aussehen ähnelt er dem Weißstorch, unterscheidet sich aber von ihm durch seine Größe, den schwarzen Schnabel, eine weiße Iris und die rote Augenumrandung. Auch er ist ein Nahrungsopportunist und ernährt sich von Fischen, Amphibien, Früchten und kleineren Nagetieren. In Japan, dort *Konotori* genannt, war er einst ein Brutvogel, doch die Industrialisierung des Reisanbaus und der Einsatz von Pestiziden zerstörten sein Ökosystem und 1971 starb das letzte frei lebende Exemplar. Durch ein ambitioniertes Wiederansiedlungsprogramm gelang es, aus Russland importierte Störche wieder heimisch werden zu lassen. Kronprinz Akishino förderte diese Initiativen, und im September 2006 erblickte sein Sohn Hisahito, auch er ein künftiger Tenno, just an dem Tag das Licht der Welt, als sein Vater als Schutzherr einen im Gehege aufgewachsenen Jungstorch ausgewildert hatte.

Die IUCN listet den Schwarzschnabelstorch als stark gefährdet.

Schwarzstorch
Ciconia nigra

Black stork
Cigogne noire

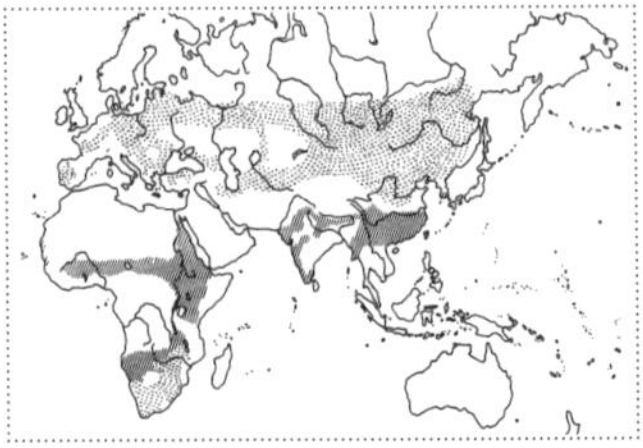

Von allen Storchenarten hat der Schwarzstorch die größte Verbreitung; bis auf eine Standpopulation im südlichen Afrika ist er ein Langstreckenzieher und überwintert in Afrika, Nordindien sowie Südchina. Aus der Familie der Störche brüten nur er und der Weißstorch in Europa, im Gegensatz zu Letzterem ist er ein sehr scheuer Vogel, der zurückgezogen als Kulturflüchter bevorzugt geschlossene Mischwälder mit fließenden und stehenden Gewässern bewohnt. Dort findet er seine Nahrung, die zumeist aus Fischen und Amphibien, aber auch aus Wasserpflanzen und Moosen besteht.

Das überwiegend schwarzbraune Gefieder des Schwarzstorches zeigt einen metallischen Glanz und schimmert je nach Lichteinfall grünlich bis purpur-violett, Schnabel und Beine sind vor allem während der Brutzeit hochrot. Mit einer Spannweite von bis zu 200 Zentimetern ist er ein gewandter Flieger, charakteristisch ist ein häufiges Abwinkeln beider Flügel, das die Weite reduziert, aber die Manövrierfähigkeit erhöht. Neben seinem charakteristischen Schnabelklappern verfügt er über ein reiches Repertoire an stimmlichen Äußerungen, das von melodischem Flöten bis zu aggressivem Zischen oder gar Grölen reicht.

Trotz seines großen Verbreitungsgebietes ist der Schwarzstorch überall ein seltener Vogel, der sensibel auf Störungen, vor allem während der Brutperiode, reagiert.

Die IUCN sieht ihn nicht als gefährdet, in Europa wird er als selten eingestuft.

Abdimstorch
Ciconia abdimii

Abdim's stork
Cigogne d'Abdim

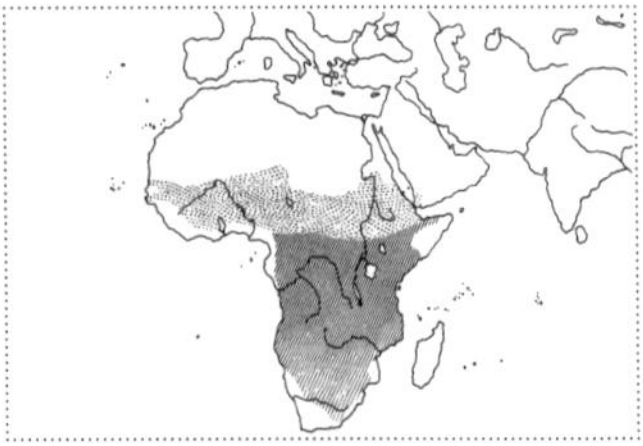

Der Abdimstorch – benannt nach dem ersten osmanisch-ägyptischen Gouverneur von Dongola, Abdim Bey al-Arnaut (1780–1827) – ist mit einer Größe von 80 Zentimetern der kleinste aller Störche und brütet in der gesamten subsaharen Savannenzone von Senegal bis Äthiopien und Somalia; eine kleine Brutpopulation findet sich noch im Jemen. Als innerafrikanischer Zugvogel zieht er im Spätherbst in den Süden, just zu der Zeit, da dort die Regenperiode beginnt. Die Shona im südlichen Afrika nennen ihn daher *Shuramurove*, ›Bote des Regens‹; das macht ihn zu einem beliebten Vogel. Ähnliches geschieht bei seiner Rückkehr ins nördliche Brutgebiet, auch hier bedeutet sein Kommen den Beginn der Regenzeit, und so errichten ihm Menschen dort gerne Nisthilfen, um den Vogel als Glücksbringer an ihr Heim zu binden. Der Abdimstorch lebt und brütet in großen Kolonien, die oft mehr als 100 Individuen umfassen; dort zeigt er ein komplexes Sozialverhalten, bildet freundschaftliche Beziehungen aus und unterstützt kranke oder verletzte Artgenossen. Von schlanker Gestalt ist der Vogel mit seinem schwarzen, grünlich-purpur schimmernden Gefieder, dem weißen Bauch, seinen grauen, an Knie und Füßen roten Beinen, dazu mit der in der Brutzeit auffälligen rot-blauen Gesichtsfärbung ein schönes, attraktives Tier, das sich hauptsächlich von Insekten, von Wanderheuschrecken, Würmern und Raupen, ernährt, aber auch kleine Reptilien oder Eier fremder Vögel nicht verschmäht.

Die IUCN klassifiziert den Abdimstorch als nicht gefährdet.

Sattelstorch
Ephippiorhynchus senegalensis

Saddle-billed stork
Jabiru d'Afrique

Der Sattelstorch brütet als Standvogel im tropischen subsaharen Afrika von Senegal bis Äthiopien und dem Norden Südafrikas, dort ist er weit verbreitet, kommt aber nirgends häufig vor. Mit seinem rot-gelb-schwarz gefärbten und leicht nach oben gebogenen Schnabel ist der große, schlaksige und schwarz-weiße Storch ein auffälliger Vogel. Die Geschlechter unterscheiden sich in der Farbe der Iris, beim Männchen ist sie dunkelbraun, beim Weibchen gelb. Seine ausladenden Nester baut der Sattelstorch vorzugsweise in der Nähe von großflächigen, ungestörten Feuchtgebieten und Flüssen, dort ernährt er sich überwiegend von Fischen, aber auch Fröschen, anderen Vögeln und Insekten. In Dürreperioden oder bei der Überschwemmung großer Flüsse unternimmt er gelegentlich ausgedehnte Wanderungen zu optimaleren Nahrungshabitaten. Von der IUCN wird er als nicht gefährdet eingestuft; seine Gesamtzahl ist aber durch den Verlust von Feuchtgebieten leicht – wenn auch regional unterschiedlich – abnehmend.

In der altägyptischen Hieroglyphe ›Ba‹ (Gardiner-Liste Nr. G29) stellte der Sattelstorch einen Ba-Vogel dar, wobei ›Ba‹ als der Aspekt der vom Körper losgelösten und unbehindert beweglichen Persönlichkeit angesehen wurde. Ba – auch erklärt als ›Bewegungsseele› oder ›Freiseele‹ – ermöglichte es dem Verstorbenen, Körper und Grab zu verlassen, um frei und eigenständig agieren zu können. Pharao Chaba aus der 3. Dynastie verwendete diese Hieroglyphe als Teils seines Namens.

Marabu
Leptoptilos crumeniferus

Marabou
Marabout

Der Marabu ist der größte aller Störche und kommt mit einer Flügelspannweite von etwa 300 Zentimetern der des Andenkondors nahe. Sein Name leitet sich von dem arabischen *murābit* her, das mit ›asketisch‹ oder ›einsiedlerisch‹ übersetzt werden kann. Tatsächlich aber ist er gesellig und brütet gerne in Kolonien; dort kann er beim Kampf um Nistplätze recht zänkisch und aggressiv werden. Als Standvogel lebt er im gesamten subsaharen Afrika, bewohnt dort recht unterschiedliche Lebensräume wie Trocken- oder Feuchtsavannen und ist im Osten selbst in Städten heimisch geworden. Bevorzugt baut er seine Nester auf hohen Bäumen oder Felsklippen und ist aufgrund seiner Größe, des nackten, mit dunklen Warzen durchsetzten Kopfes, der schwarz-grauen Rückenfedern und einer weißen Halskrause unverwechselbar. Nicht zu übersehen ist sein Kehlsack, der ihm den Beinamen *crumeniferus*, ›Träger eines Geldbeutels‹ gegeben hat. Charakteristisch ist auch sein massiver Schnabel, mit dem er tief in Tierkadaver eindringen kann und der ihn als Aasfresser ausweist. Als Opportunist ernährt er sich von Aas, Fäkalien, auch Küken anderer Vogelarten, von Reptilien, Krokodilbrut oder Insekten. Zunehmend findet man ihn – und dann oft zu Hunderten – auf den Müllhalden afrikanischer Städte; dort verschlingt er an Abfall, was er nur schlucken kann. Auch wenn er in manchen Gegenden wegen seines weichen Brustgefieders stark bejagt wird, so ist sein Bestand nicht gefährdet.

Argalamarabu
Leptoptilos dubius

Greater adjutant
Marabout argala

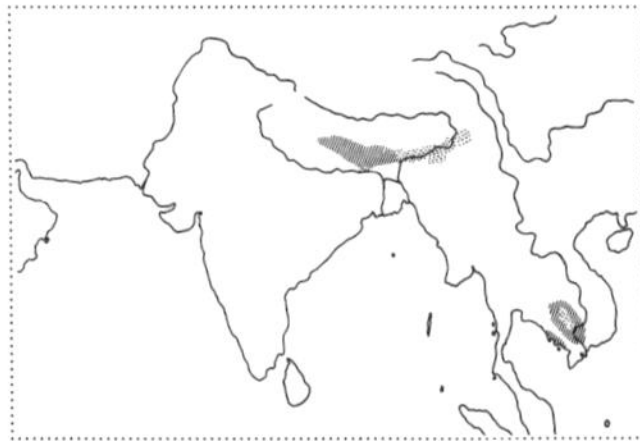

Der Name ›Argala‹ leitet sich von dem Bengalischen *Hargil* her, übersetzbar mit ›Knochenschlucker‹; Adjutant wurde er einst in Indien von englischen Bewohnern wegen seines steifen, soldatischen Ganges genannt. Dort wie auch in ganz Süd- und Südostasien nistete er einst in großer Zahl, doch als Aasfresser galt er als unrein, als Unglücksbote und wurde bejagt, zumal man sein Fleisch für ein Heilmittel gegen Lepra hielt. Durch Trockenlegung von Feuchtgebieten und Einsatz von Pestiziden verlor er im 20. Jahrhundert große Teile seiner Nist- und Nahrungshabitate, das führte zu einem massiven Rückgang seiner Population und 2008 wurde der Weltbestand auf weniger als 1000 Individuen geschätzt. Heute hat er nur noch in drei überschaubaren Regionen – Bihar, Assam und Kambodscha – sein Brutgebiet; als Zugvogel überwintert er in Myanmar, Thailand und Vietnam. In vielem gleicht er seinem afrikanischen Namensvetter, unterscheidet sich aber durch sein Federkleid, bei dem die grauen großen Oberflügeldecken und Schirmfedern in deutlichem Kontrast zur ansonsten schwarzen Oberseite stehen. Bauch und Schwanzunterseite sind hellgrau, die Halskrause ist weiß. In Assam hat sich eine Gruppe von Frauen aus dem ländlichen Raum den Namen ›Hargila-Armee‹ gegeben, ihr Ziel ist die Rettung ihres namensgebenden Vogels; die IUCN hat den Argalamarabu als gefährdet eingestuft.

Literatur-verzeichnis

Ellen O. Aikens u. a.: »Learning shapes the development of migratory behavior«, in: *PNAS*, 12 (2024), {https://doi.org/10.1073/pnas.230638912}, letzter Aufruf 20. 7. 2024.

Alfons Rolf Bense: *Der Weißstorch – Vom Vogel zum Kult,* Hohenwarsleben 2017.

Nikita Chernetsov u. a.: »Vierjährige Satelliten-Telemetrie eines Weißstorchs *Ciconia ciconia* vom Selbständigwerden an – Beschreibung einer Odyssee«, in: *Vogelwarte*, 43 (2005), S. 39–42.

John Coleman Darnell: »The Early Hieroglyphic Inscription at el-Khawy«, in: *Archeo Nil*, 27 (2017), S. 49–64.

Othmar Filitz: *Warum bringt der Storch die Kinder?*, Medizinische Dissertation, Erlangen 1940, S. 300–301.

Andrea Flack u. a.: »From local collective behavior to global migratory patterns in white storks«, in: *Science*, 6391 (2018), S. 911–914.

Gundula Hubrich-Messow: *Der Storch. Frühlingsbote, Kinderbringer und Fabeltier in Sagen, Märchen und Gedichten,* Husum 1996.

Gerd Janssen, Martin Hormann, Carsten Rohde: *Der Schwarzstorch. Ciconia nigra*, Hohenwarsleben 2004.

Christoph Kaatz u. a. (Hg.): *Der Weißstorch. Ciconia ciconia,* Magdeburg 2017.

Ragnar K. Kinzelbach: *Das neue Buch vom Pfeilstorch*, Marburg an der Lahn 2005.

Otto Lilienthal: *Der Vogelflug als Grundlage der Fliegekunst.* *Ein Beitrag zur Systematik der Flugtechnik*, Berlin 1889.

Holger Schulz: *Boten des Wandels.* *Den Störchen auf der Spur*, Reinbek 2019.

Holger Schulz, »Thermoregulatorisches Beinkoten des Weißstorchs (*Ciconia ciconia*). Analyse des Verhaltens und seiner Bedeutung für Verluste bei beringten Störchen im afrikanischen Winterquartier«, in: *Die Vogelwarte*, 34 (1987), S. 107–117.

Arne Torkler, Joachim Neumann: »Erstmaliger Nachweis im Freiland: Erfolgreiche Mischbrut zwischen Weiß- und Schwarzstorch«, in: *Der Falke. Journal für Vogelbeobachter*, 10 (2023), S. 8–14.

Francisco S. Tortosa, Tomas Redondo: »Motives for Parental Infanticide in White Storks *Ciconia ciconia*«, in: *Ornis Scandinavica (Scandinavian Journal of Ornithology)*, 2 (1992), S. 185–189.

DANKSAGUNG

Dank an A. Rezzak Erkan, Andrea Flack,, Christof Herrmann, Ute Siedenhans, Michael Tillmann, Gunter Zwinzscher und Anja Zeilinger für ihre Unterstützung bei der Abfassung des Manuskripts.

Abbildungsverzeichnis

Seite 70 Hieronymus Bock: *Kreuter Buch*, Straßburg 1546.

Seiten 75 Thomas McAvoy: *Storks Of Alsace*, 1956.

Seite 82/83 P. C. Skovgaard: *Sommerlandschaft aus Vejle mit drei Störchen*, 1854.

Seite 87 Arvid Ek: *Im Hof der Eyüp-Sultan Moschee*, 1966.

Seite 89 Franz von Assisi predigt Vögeln, in: Matthäus Paris: *Chronica maiora II*, 13. Jhdt.

Seite 92 Kalif Storch, in: Wilhelm Hauff: *Die Karawane*, Gütersloh 1967.

Seite 95 Harmen ter Borch: *Ooievaar op een schoorsteen*, 1648.

Seite 97 Frederik Winther: *Landschaft mit Störchen am Rande eines Sumpfes*, 1891.

Seite 98 Der weiße Storch, in: Jakob Ernst von Reider, Carl Wilhelm Hahn: *Fauna Boica oder gemeinnützige Naturgeschichte der Thiere Bayerns*, Bd. 2: Vögel, Nürnberg 1835.

Seite 102 Gordon Grant: »Old stuff, this parcels post. Been running one myself for years!«, in: *Puck* 1875, 1913.

Seite 105 Wilhelm Süs: *Das Milchbrünnlein*, 1891.

Seite 109 Carl Schweninger, *Unterhaltung*, um 1900.

Seite 112 Schwarzstorch (Tafel 16), in: Lord Lilford (Hg.): *Coloured Figures of the Birds of the British Islands*, Bd. 7, London 1885–1897.

Seite 119 *The Black Stork*, Filmplakat, 1917.

Seite 122 Władysław Malecki, *Versammlung der Störche*, 1879.

Seite 125 Adolph Menzel, *Storch im Schilf*, 19. Jhdt.

Seiten 129–147 Illustrationen von Falk Nordmann, Berlin 2025.

Johannes Zeilinger, 1948 in Wolfratshausen geboren, hat Medizin in Würzburg und Berlin studiert, wo er ab 1983 als niedergelassener Chirurg tätig war. Daneben ist er auch Verfasser zahlreicher Veröffentlichungen zum Werk Karl Mays, zur Geschichte Zyperns sowie biografischer Arbeiten zu Lya de Putti, Frederic A. Cook und B. Traven.

NATURKUNDEN № 111
Erste Auflage Berlin 2025

NATURKUNDEN
herausgegeben von Judith Schalansky
erscheinen bei Matthes & Seitz Berlin
ermöglicht durch Jan Szlovak, Hamburg

EINBAND UND TYPOGRAFIE Pauline Altmann, Palingen nach einem Entwurf von Judith Schalansky
TITELILLUSTRATION Pauline Altmann, Palingen
SCHRIFT Ingeborg von Michael Hochleitner/Typejockeys
LITHOGRAFIE Tomas Mrazauskas, Berlin
HERSTELLUNG Hermann Zanier, Berlin
PAPIER 100 g/m² Fly 04 hochweiß, 1,2-faches Volumen
EINBANDMATERIAL Napura® Khepera von Winter & Company GmbH, Lörrach
DRUCK UND BINDUNG Pustet, Regensburg, Deutschland

ISBN 978-3-7518-4024-8

www.naturkunden.de
www.matthes-seitz-berlin.de